WISSENSCHAFTLICHE ABHANDLUNGEN DER ARBEITSGEMEINSCHAFT FÜR FORSCHUNG DES LANDES NORDRHEIN-WESTFALEN

Band 7

WISSENSCHAFTLICHE ABHANDLUNGEN DER ARBEITSGEMEINSCHAFT FÜR FORSCHUNG DES LANDES NORDRHEIN-WESTFALEN

Band 7

ANTON MOORTGAT

Archäologische Forschungen der Max Freiherr von Oppenheim-Stiftung im nördlichen Mesopotamien 1956

HERAUSGEGEBEN
IM AUFTRAGE DES MINISTERPRÄSIDENTEN Dr. FRANZ MEYERS
VON STAATSSEKRETÄR PROFESSOR Dr. h. c. Dr. E. h. LEO BRANDT

Archäologische Forschungen der Max Freiherr von Oppenheim-Stiftung im nördlichen Mesopotamien 1956

von

Anton Moortgat

mit einer Karte von B. Hrouda

Springer Fachmedien Wiesbaden GmbH

Das Manuskript wurde am 11. Dezember 1957
der Arbeitsgemeinschaft für Forschung des Landes Nordrhein-Westfalen
von Professor Dr. *Werner Caskel* vorgelegt

Additional material to this book can be downloaded from http://extras.springer.com

ISBN 978-3-663-03020-1   ISBN 978-3-663-04208-2 (eBook)

DOI 10.1007/978-3-663-04208-2

Ursprünglich erschienen bei Westdeutscher Verlag 1959.

Jedem Bericht über die Ergebnisse der zweiten Kampagne der Max Frhr. von Oppenheim-Stiftung im Chaburgebiet hat der Dank an alle diejenigen voranzugehen, die in der Heimat wie in Syrien unsere Forschungen durch ihre Unterstützung überhaupt erst möglich gemacht haben. In der Heimat sind es der Graf Matuschka Greiffenclau, Vorsitzender des Kuratoriums der Stiftung, Herr Universitätskanzler Schneider und Prof. Dr. Werner Caskel, die uns besonders gefördert haben, und vor allem die Arbeitsgemeinschaft für Forschung des Landes Nordrhein-Westfalen, die einen namhaften Betrag für die Expedition zur Verfügung gestellt hat.

In Syrien war es der Generaldirektor der Altertümer, Herr Dr. Selim Abdulhakk, der uns diesmal über die Schwierigkeiten, die mit der Lage unserer Forschungsstellen in einem militärischen Sperrgebiet zusammenhängen, hinweghelfen konnte.

Der Direktor des Aleppiner Museums, Herr Dr. Feisal Serafi, hat uns eine große Hilfe geleistet, indem er seinen Mitarbeiter Herrn Soubhi Saouaf als Vertreter des Antikendienstes mitgab. Herr Saouaf ist uns im Verlauf der Unternehmung ein guter, auch in schwierigen Situationen stets hilfsbereiter Kamerad geworden.

Auch im Chaburgebiet selber haben uns wiederum wie im vorigen Jahr alle Behörden die freundlichste Aufnahme bereitet. Im Hause des Herrn Jacoub Najjar und seiner Gattin in Raselain fanden wir nach schweren Fahrten durch die Steppe immer wieder einen Stützpunkt, vor allem beim Aufbau und Abbau unseres Zeltlagers.

Hauptziel der diesjährigen Kampagne war, unter den etwa fünfhundert kleinen und großen Ruinenhügeln des Chaburgebietes mit Hilfe kleinerer Schürfungen einen herauszufinden, der besonders geeignet wäre, die Quellen zur Geschichte des churrischen Volkes im 3. und 2. Jahrtausend v. Chr. zu bereichern (vgl. beiliegende von Dr. B. Hrouda entworfene archäologische Karte). Bei den Verhandlungen, die zu diesem Zwecke mit dem Service des Antiquités in Damaskus geführt wurden wegen einer Erweiterung unserer

Grabungslizenz auf das gesamte Chabur-Dreieck, stellte sich heraus, daß die Erlangung einer Generalkonzession zur sofortigen Angrabung eines jeden Hügels, der uns geeignet erschiene, nicht möglich war. Vielleicht lag das mit an den in diesem Jahr besonders schwierigen politischen Verhältnissen. Jedenfalls waren wir genötigt, uns noch in Damaskus auf zwei bestimmte Hügel festzulegen, die wir während der vorigen Kampagne oberflächlich untersucht hatten. Auch unsere Bewegungsfreiheit im militärischen Sperrgebiet am Chabur blieb zunächst auf Raselain und Umgebung beschränkt. Erst nach mehreren Wochen bekamen wir die Genehmigung, unsere Grabungen in den weiter östlich gelegenen Teil des Chaburdreiecks zu verlegen und den Tell Ailun bei Derbasije sowohl wie den viel kleineren Tell Qabr el kebir auf je einen Monat zu erforschen. Viel schwerer waren die Folgen der politischen Spannungen für unser Unternehmen, als Syrien in den Krieg eintrat und wir auf Anraten des Muhafaz von Hasseke bereits am 1. November die Grabung in Eile beenden und das Land verlassen mußten. Es sind uns dadurch zwei bis drei wertvolle Arbeitswochen verlorengegangen, was uns besonders bitter war, weil erfahrungsgemäß gerade der letzte Arbeitsabschnitt die wichtigsten Ergebnisse zu bringen pflegt. Auch waren wir nun nicht mehr in der Lage, die von Derbasije aus in Aussicht genommenen Erkundungsfahrten in den östlichen Teil des Chabur-Dreiecks durchzuführen.

Bei allem Unvollendeten, Bruchstückhaften jedoch, das notgedrungen unserer diesjährigen Arbeit anhaftet, konnten wir immerhin zweierlei Wichtiges erreichen: Einmal ein abschließendes Urteil über Entstehung und Entwicklung des im vorigen Jahr bereits angeschnittenen Tell Fecherije und zum anderen einen Einblick in die Bedeutung und historische Einordnung des Tell Ailun bei Derbasije, nach dem Tell Brak am Djardjar, eines der größten Ruinenhügel im Chaburgebiet, den auch schon Mallowan nach seinen zahlreichen Erkundungen und Grabungen im nördlichen Mesopotamien während der dreißiger Jahre zu den aussichtsreichsten Objekten zählte (Iraq IX 1947 S. 47). Außerdem konnten wir auf zwei Erkundungsfahrten nach Westen in Richtung Tell Abjad bzw. nach Osten über Kamischli nach Tell Brak unsere Kenntnis der Tells bedeutend erweitern.

Es war von vornherein unsere Absicht gewesen, zunächst unser Zeltlager wiederum auf dem *Tell Fecherije* bei Raselain aufzuschlagen, weil wir dort noch einen ergänzenden Suchschnitt anzulegen gedachten, zugleich aber um einen Stützpunkt für unsere weiteren Erkundungen im Chaburgebiet zu gewinnen.

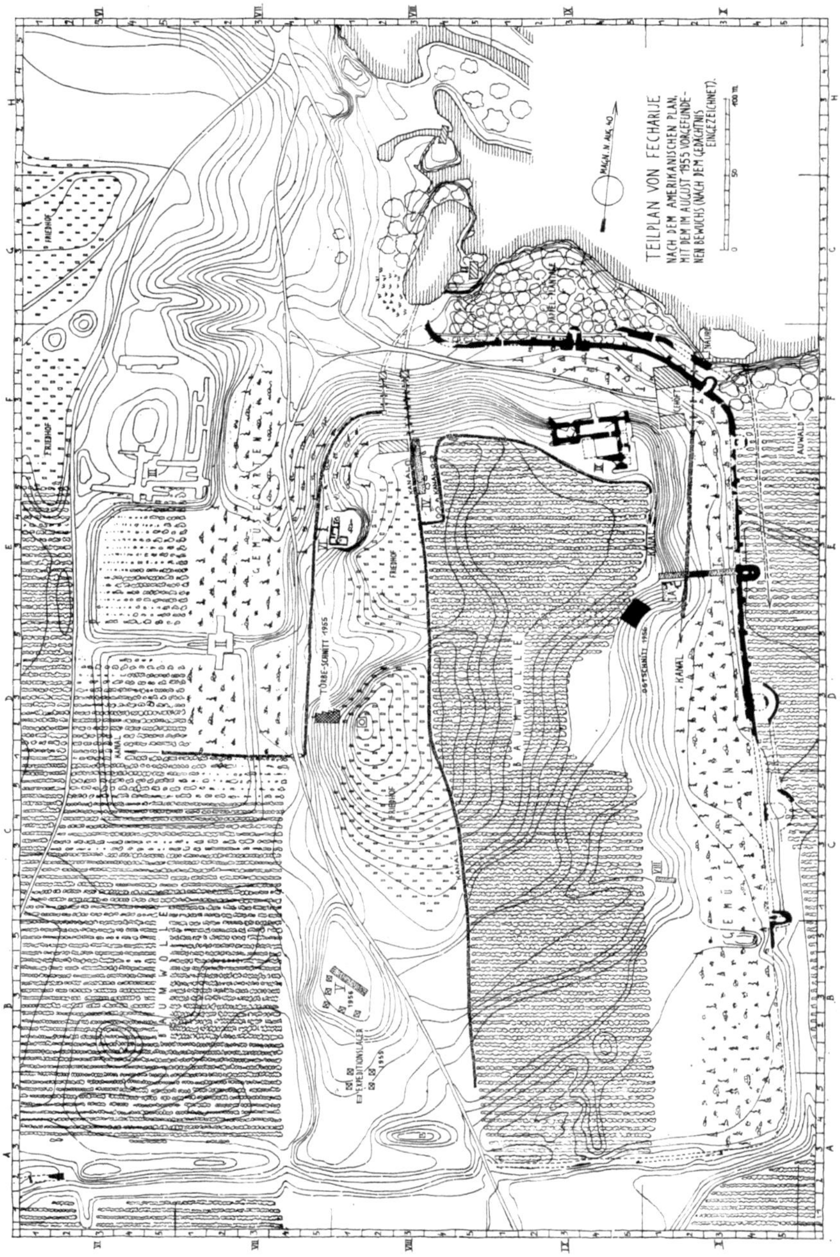
TEILPLAN VON FECHARIJE
NACH DEM AMERIKANISCHEN PLAN,
MIT DEM IM AUGUST 1955 VORGEFUNDENEN BEWUCHS (NACH DEM GEDÄCHTNIS EINGEZEICHNET).
BAUMWOLLE
GEMÜSEGARTEN
FRIEDHOF
KANAL
AUWALD
TÜRBE-SCHNITT 1955
OSTSCHNITT 1956
EXPEDITIONSLAGER

Abb. 1

Unser vorjähriger Zeltplatz auf dem südwestlichen Ausläufer des Tell Fecherije war während des Jahres 1956 von weiteren Baumwollpflanzungen so eingeengt worden, daß wir nur mit Mühe unsere Zelte darauf errichten konnten. Auch blieb uns für die Anlage eines Suchschnittes keine große Auswahl an freiem Gelände. An einer der wenigen Stellen des Tell Fecherije, die weder von Gräbern noch von Baumwolle bedeckt sind, unmittelbar südlich des amerikanischen Suchgrabens „Sounding I (IA)", konnten wir am 17. September einen Schnitt von 15 m Breite in ost-westlicher Richtung und von 10 m Länge in nord-südlicher Richtung abstecken (Abb. 1).

Dieser von uns als *Ostschnitt* bezeichnete Suchgraben war als Gegenstück zum westlichen großen *Türbe-Schnitt* des vorigen Jahres, dessen Süd-Profil, gezeichnet von E. Heinrich, hier noch einmal in einer besseren Wiedergabe gebracht wird (Abb. 2), gedacht und sollte uns Auskunft bringen über die Ausdehnung der churrisch-mitannischen Siedlung auf dem Tell Fecherije in diesem östlichen Teil der Ruine. Der Abfall des Hügels ist hier im Osten viel weniger steil als im Westen. Der höchste Punkt liegt nur 2,75 m über dem Nullpunkt, während er bei dem Türbe-Schnitt 7 m erreicht. Die jüngere Schuttbildung war hier demnach um über 4 m geringer. Trotzdem hatten wir, wie zu erwarten war, meterdicke Ablagerungen zu durchschneiden, ehe wir an die churrisch-mitannische Schicht herangelangten. Sie zeigte sich erst, wie vorausberechnet, in einer Tiefe von 5 bis 6 m unter dem Nullpunkt, hier etwa 9 m unter der Hügeloberfläche (Abb. 3).

Die jüngeren Schichten, die hellenistisch-römische und die byzantinische, waren an dieser Stelle des Hügels, wie die endgültige Publikation an Hand sorgfältiger Schnittzeichnungen der Grabungswände nachweisen wird, sehr stark durch Umbauten, Fundamentgründungen und Schuttlöcher gestört. Die jüngste Zeit, die islamische, ist so gut wie gar nicht vertreten. Byzantinisches erkannten wir, wie überall sonst auf dem Hügel, an zahlreichen Resten von Bauten aus Kalksteinquadern, die wir aber auch hier in sekundärer Verwendung auffanden. Tiefe Schuttlöcher, nach den darin befindlichen Scherben aus hellenistisch-römischer Zeit stammend, reichen bis zu –2 m hinab. Die hellenistisch-römischen Wohnschichten steigen langsam von Westen nach Osten an, so daß im östlichen Abschnitt die jungassyrische Schicht, die unmittelbar unter der hellenistisch-römischen liegt, bis etwa –2 m hinaufreicht.

Wie durchwühlt an dieser Stelle die Schichten gewesen sind, kann man an den beiden besten Kleinfunden aus dem Ostschnitt erkennen, einer schönen Lampe und einem Fragment einer Gußform aus Speckstein.

Die *Lampe* (Abb. 4) ist ein gutes Stück aus Bronze in Gestalt eines Schwanes mit zurückgelegtem Kopf, etwa 15 cm lang, gefunden im südwestlichen Teil des Suchschnittes, etwa einen halben Meter unter dem Nullpunkt, hier noch mitten in den nachassyrischen Schichten (vgl. Archeology IX 1956 S. 214).

Das zweite Stück jedoch, eine *Gußform* (Abb. 5) für einen Metallgegenstand in Form eines Löwen, der liegend eine Gazelle in den Vorderpranken hält, ist nicht weit weg von der Lampe entdeckt worden, jedoch um mehr als einen Meter höher, d. h. in noch jüngeren Schichten. Ob der rückwärtige Teil der Form abgebrochen ist oder ob daraus ein Gegenstand in Form einer Löwenprotome gegossen werden sollte, vielleicht ein Griff für ein Gerät oder eine Waffe, läßt sich nicht mehr entscheiden. Dem Stil seiner Darstellung nach paßt dieser Löwe gar nicht in römische oder in gar noch spätere Zeit. Vielmehr erinnert die Darstellung, ein Löwe, der eine Gazelle schlägt oder fängt, sowohl thematisch wie in den Einzelheiten der Stilisierung an Ähnliches in der sogenannten Kerkuk-Glyptik, d. h. der Gruppe von Rollsiegeln, die in der Mitte des 2. Jahrtausends über das ganze Vorderasien vom westlichen Iran bis nach Palästina verstreut sich findet und schon immer mit dem churrisch-mitannischen Volk in Verbindung gebracht worden ist[1]. Der Kampf zwischen Löwe und zahmem Vierfüßler ist in diesem Bereich vorderasiatischer Siegelschneiderei nur ein Teilmotiv aus einem umfassenden Bilderkomplex, wie bereits einmal in frühsumerischer Zeit. Die Gußform aus Speckstein zeigt außerdem den gleichen Hang zur Verwendung eines Bohrers, der einen Kreis um ein Loch herstellt, wie die Kerkuk-Glyptik. Diese vereinfacht z. B. ein Flechtband zu einer Reihe eng aneinandergefügter Kreise, wie sie hier zur Verzierung des Löwenkörpers benutzt werden. Vor allem aber die Art, wie der Kopf der kleinen Gazelle unserer Gußform reduziert wird auf einen solchen Kreis, von dem drei gebogene Striche ausgehen zur Andeutung von Nase, Ohr und Horn, ist so bezeichnend für die Kerkuk-Glyptik, daß man auf zeitliche und völkische Nähe schließen möchte. Dann kann aber die Gußform in Fecherije nur durch Zufall in höhere Lage geraten sein.

Die Bruchsteingründungen für Luftziegelmauern, die wir in verschiedener Höhe zwischen —1,30 m und —2,50 m freigelegt haben, waren zu fragmen-

[1] Zahlreiche Beispiele der sogenannten Kerkuk-Glyptik befinden sich in nahezu allen öffentlichen und privaten Sammlungen. Ich weise hier nur auf einige bezeichnende Stücke hin: Rollsiegel aus Tiryns in Athenische Mitteilungen Bd. 45, Tf. II 6; Louis Delaporte, Catalogue des cylindres orientaux du Musée du Louvre Tf. 97, 24 und 22 (A 951 und 952); Ders., Cylindres orientaux de la Bibliothèque Nationale Tf. XXX, 440.

Abb. 4

Abb. 5

Abb. 6

tarisch und im Suchschnitt zu beschränkt, als daß wir sie zu sinnvollen Grundrissen von Gebäuden ergänzen könnten.

Der einzige Raum, der sich als solcher erkennen ließ, ergab sich in der Westecke des Suchgrabens. Er muß bei etwa —2 m gegründet worden sein und hatte noch Reste von drei seiner Wände aufzuweisen, an denen Spuren von Wandverputz aus weißem Gips erhalten waren. Er dürfte der jungassyrischen Periode angehören.

Um nicht die für Fecherije vorgesehenen drei Wochen zu überschreiten und rascher in die Tiefe zu gelangen, mußte die Grabungsfläche eingeschränkt und nur das östliche Drittel des Suchabschnittes als *Tiefgrabung* (Abb. 3) weitergeführt werden bis etwa —6,80 m. In dieser Tiefe wurde im Ostschnitt ebenso wie im Türbe-Schnitt die Erde so feucht, daß bald das Grundwasser sich zeigen würde.

Während sich im Niveau zwischen —3 m und —4 m Scherben neuassyrischer Art fanden, während wir noch bei —3,70 m eine Kinderbestattung in einer neuassyrischen Tonurne freilegten, tauchte von etwa —4,75 m ab die typische Keramik der mitannischen Zeit, die Keramik mit heller Bemalung auf breiten dunklen Streifen auf, daneben die charakteristischen Knauffüße der mittelassyrisch-mitannischen Becher.

Noch tiefer, bei —6,00 m, fanden wir in einer Umgebung, die starke Reste von Gebäuden aus Luftziegeln aufwies, *drei große Vorratsgefäße* aus Ton (Abb. 6), durchschnittlich 70 cm hoch, aufrecht in einer Reihe nebeneinander stehend. Alle drei waren, obschon sie nicht mit Schutt gefüllt waren, bei ihrer Freilegung noch so gut wie unversehrt. Eins ist uns dann trotz aller Vorsicht beim Transport zerbrochen. Die Gefäße sind, gut gedreht und profiliert, mit Kugelboden, Halsrand und plastischem Seilmuster auf der Schulter versehen. Eins war mit einer Schale abgedeckt. Die Gefäße waren sichtlich hier nicht nachträglich abgestellt, sondern standen, wohl in einer Vertiefung im Boden, in situ, d. h. in einem für sie bestimmten Raum, sicher einem Magazin. An ihrer Datierung kann kein Zweifel sein: um sie herum wurden mehrere typische Nuzi-Scherben des 15./14. Jahrhunderts, d. h. der Mitanni-Zeit, gefunden.

Worauf wir hier gestoßen sind, läßt sich am besten verdeutlichen durch einen Vergleich mit einem Teil aus einem Baukomplex, der auf Grund von Inschriften sicher in die mitannische Periode, in die Zeit des Königs Šauššatar gehört. In unmittelbarer Nachbarschaft des Palastes von Nuzi, einer mitannisch beherrschten Provinzstadt östlich des Tigris, liegt ein Haus mit besonderem Grundriß, das die Ausgräber als Priesterhaus oder als Kapelle zu verstehen versuchen [2]. In einem seiner Räume standen sechs Gefäße ganz ähnlicher Art und gleicher Größe wie diejenigen, die wir in Fecherije fanden, an einer Wand aufgereiht. Man sagt wohl nicht zu viel, wenn man die drei Gefäße in Fecherije sich in einem Raum verwandter Art wie in Nuzi denkt und aus ihnen auf eine ähnliche Palastanlage mitannischer Zeit wie in Nuzi schließt. Sie erbringen demnach den Beweis, daß in mitannischer Zeit in Fecherije die Besiedlung bis an den Ostrand des Hügels reichte, und zeigen uns, daß wir für diese Periode mit einer ansehnlichen Bebauung des Ortes zu rechnen haben. Leider werden wir sie wegen der schwierigen Umstände wohl niemals freilegen können.

Noch bevor wir die Genehmigung zur Bereisung des östlichen Chaburgebietes erhielten, konnten wir am letzten Sonntag im September 1956 eine Erkundungsfahrt in westlicher Richtung in das Gebiet zwischen Belich und Chabur durchführen, nach dem sogenannten *Tell Chūēra.* Diesen heute fern jeder größeren Siedlung gelegenen Hügel, etwa 60 km westlich Raselain, hat bereits im Jahre 1913 Freiherr von Oppenheim auf einer seiner Forschungsreisen in Eigenart und Bedeutung erkannt. In einem seiner leider nicht publizierten Tagebücher beschreibt er den Hügel und meint, daß dessen Ausgrabung erfolgversprechend wäre. Vor drei Jahren hat dort eine kurze Grabung der syrischen Regierung unter Leitung des Franzosen Lauffray stattgefunden in der Annahme, der Hügel berge die mitannische Hauptstadt Waššukanni in sich. Er ist vor allem wichtig, weil seine Ruine einem besonderen Typus angehört, den der niederländische Geometer van Liere mit Hilfe stereoskopischer Luftaufnahmen bei einer ganzen Gruppe von Hügeln westlich und südlich des Chabur-Dreiecks erkannt hat [3]. Es handelt sich um Stadtgründungen, die in zwei Etagen angelegt, eine innere mit einer Mauer befestigte Stadt von einer zweiten Umfassungsmauer mit Unterstadt umgeben zeigen. Die Luftaufnahme, die hier in erster Linie in den Dienst der Landvermessung gestellt war, brachte van Liere zugleich die archäologisch wichtige Erkenntnis, daß Siedlungen dieser Art vor allem westlich des Chabur und im Gebiet des Djebel Abdulaziz und des Sindjar zu finden sind, während sie im eigentlichen Chabur-Dreieck fehlen. Ein weiteres Merkmal dieser Siedlungen, unter denen Tell Chūēra die größte ist, bildet die ausgedehnte Verwendung großer behauener Steinblöcke für den

[2] *R. F. S. Starr,* Nuzi Bd. I, S. 275, Bd. II, Tf. 23 A, B und Plan 13.

[3] *W. J. Van Liere* et *J. Lauffray,* Nouvelle prospection archéologique dans la Haute Jézireh syrienne. In: Annales Archéologiques de Syrie IV/V 1954/55, S. 129 ff.

Bau von Stadtmauern und -toren. Außerhalb der Stadtmauer von Chūēra stehen und liegen in einer beabsichtigten Reihe mehr oder weniger gut erhaltene *Stelen* oder Steinmale, an denen zunächst weder Spuren von Schrift noch Bildern zu erkennen waren. Wenn es Siegesmale sind, so könnte man sie mit den von Frhr. von Oppenheim entdeckten Stelen von Djebelet el beda [4] vergleichen, ihre Aufstellung außerhalb der Stadtmauer andererseits erinnert an die Königs- und Beamtenstelen in Assur, die eine Art monumentaler Kalender waren [5]. Diese wären als Vergleichsobjekt allerdings zu jung, denn auf Grund der leider noch nicht veröffentlichten Kleinfunde, vor allem der Keramik, scheint Tell Chūēra in das 3. Jahrtausend zu gehören. Eine bestimmte, häufig vertretene schwarz-graue, klingend hart gebrannte Ware, manchmal im Brand rotgestreift, weist in die Akkad-Zeit. Sie wird uns auf dem Tell Ailun wieder begegnen.

Es fällt eigentlich schwer, die Gruppe von Tells, die der Kategorie von Tell Chūēra angehören, nicht mit einem bestimmten Volkstum und einer straff organisierten politischen Macht in Verbindung zu bringen, doch können wir heute noch nicht entscheiden, ob mit den einheimischen Churri oder mit den erobernden Akkadern.

Jedenfalls unterscheidet sich die Ruinengattung, zu der der Tell Chūēra gehört, grundsätzlich von dem größten Tell des Chabur-Dreiecks, dem *Tell Brak,* den wir bei Gelegenheit eines Krankentransportes nach Kamischli besucht haben. Tell Brak kennt weder die doppelte Umwallung noch die Steinbautechnik. Naramsin, der große akkadische König, hat durch einen ausgedehnten Palastbau den Hügel zu einem gewaltigen Stützpunkt akkadischer Machtpolitik gemacht, wie wir durch die jahrelangen Grabungen Mallowans wissen [6]. Auch vor der Akkad-Zeit schon stand Tell Brak stark unter dem Einfluß der klassischen Kultur des südlichen Zweistromlandes. Es ist schwer, die eigenen einheimischen Züge seiner Kultur herauszuschälen, wenn auch seine Bevölkerung damals bereits churrisch gewesen sein mag. In seiner Ausdehnung ist der Tell Brak jedenfalls bedeutend größer als unser neues Grabungsobjekt, der Tell Ailun. Seine weitere Ausgrabung ist ein dringendes Bedürfnis, auch wenn er nicht mit Urkiš zu identifizieren ist (vgl. B. Hrouda, MDOG 90, S. 34).

[4] *M. Frhr. von Oppenheim,* Der Tell Halaf, Leipzig 1931, S. 199 ff.

[5] *W. Andrae,* Die Stelenreihen in Assur. 24. Wissenschaftliche Veröffentlichung der Deutschen Orient-Gesellschaft 1913.

[6] *M. E. L. Mallowan,* Excavations at Brak and Chagar Bazar. In Iraq IX 1947.

Die Umstellung unserer Arbeit vom Tell Fecherije auf den *Tell Ailun* war nicht leicht. Sie wurde schon deshalb erschwert, weil wir nicht innerhalb eines Tages unser Zeltlager abreißen, transportieren und wieder aufbauen konnten. Wir waren vielmehr wiederum gezwungen, eine Nacht im Hause Najjar in Raselain zu verbringen. Der eigentliche Umzug unseres Zeltlagers vom Tell Fecherije bei Raselain nach dem Tell Ailun bei Derbasije, das 60 km ostwärts an der türkischen Grenze liegt, ging zwar mit Hilfe einiger treugebliebener Arbeiter und eines Traktors mit Anhänger glatt vonstatten, auch war unser Lager am Abend des 11. Oktober, nachdem wir von allen Behörden, allen voran dem Müdir von Derbasije, in der freundlichsten Weise aufgenommen worden waren, wieder errichtet. Doch stellte sich bei einem abendlichen Besuch des Sohnes des Mohammed Bey Djemil Pascha, des angesehensten unter den dortigen kurdischen Großgrundbesitzern, heraus, daß unser Lager nur wenige hundert Meter von der türkischen Grenze, mitten in einem gefährdeten Konterbandengebiet gelegen war. Ein zweiter Umzug konnte aber glücklicherweise nach Verhandlungen mit der Gendarmerie vermieden werden.

Schlimmer als all dieses war jedoch der Umstand, daß unser Architekt Herr Dipl.-Ing. Hansjürgen Schmidt am Tage unserer Ankunft in Tell Ailun einen schweren Fieberanfall erlitt, der sich nach zwei Tagen laut Aussage des Arztes in Derbasije als Symptom einer typhoiden Krankheit herausstellte. Wir waren infolgedessen genötigt, unseren Kranken in eine Klinik in Kamischli zu bringen.

Erst nach der Genesung des Herrn Schmidt und nach seiner Wiederkehr nach Tell Ailun, die ungefähr zusammenfiel mit der Ankunft Prof. Ottens aus Bogazköy, konnten wir mit vollen Kräften an die Untersuchung des Hügels gehen, die Ausdehnung unseres ersten bereits angefangenen Suchschnittes erweitern und die Anzahl unserer Arbeiter bis auf nahezu hundert erhöhen.

Der *Tell Ailun* birgt möglicherweise die Vorläuferin der jetzigen Stadt Derbasije in sich, an deren nördlicher Peripherie er aufragt. Er muß im Altertum, ebenso wie heute Derbasije, die Zentrale eines reichen landwirtschaftlichen Gebietes gewesen sein. Nach allen Richtungen, auch über die türkische Grenze hinweg, schaut man vom Hügel in eine weite Ebene, ein reiches Getreideland. Die Gegend hat weder Fluß- noch Quellwasser wie die bei Raselain, sondern lebt von Regen- und Brunnenwasser. Vom Tell Ailun aus sieht man heute nach Süden auf die Stadt Derbasije mit ihren sauberen Lehmhäusern, ihren großen Getreidesilos und ihren christlichen

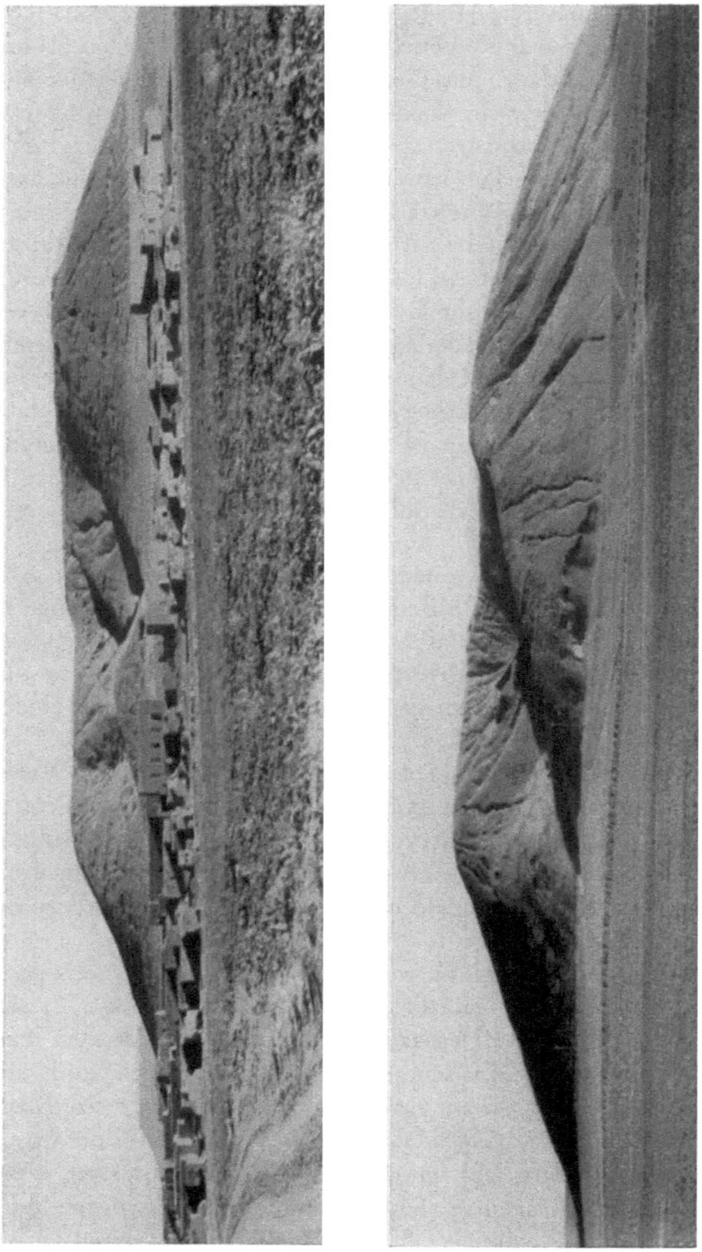

Abb. 7

Kirchen. Die Bevölkerung Derbasijes ist überwiegend kurdisch. Das Christentum ist durch zahlreiche Flüchtlinge aus der Türkei verstärkt worden. Im Nordwesten wird die Landschaft um den Tell Ailun beherrscht und begrenzt von dem gewaltigen Bergmassiv des Taurus, das nur etwa dreißig Kilometer entfernt liegt. Abends markiert die tiefe Senke im Gebirge mit einem Kranz von flimmerndem Licht die Stelle der alten Stadt Mardin am Horizonte.

Der *Tell Ailun* (Abb. 7 u. 8) selber ist ein steil aus der Ebene aufragender Hügel, dessen Rücken in etwa gleichbleibender Höhe einen Viertelkreis mit der Innenseite nach Südwesten bildet. Sein höchster Punkt im Nordosten steht ungefähr 35 m über der Umgebung. Nach Norden und Osten ist der Abfall des Hügels am schroffsten, wo sich auch die kürzeren und schmäleren Regenrinnen gebildet haben. Nach Süden und Westen dagegen fällt die Ruine zuerst langsamer, dann ganz allmählich in die Ebene ab. Auf ihrem südlichsten Ausläufer steht das moderne Kurdendorf Tell Ailun, aus dessen Bevölkerung die meisten unserer Grabungsarbeiter stammten. So bildet die südwestliche Flanke des Tells eine Art natürliches Amphitheater, das von drei großen Wadis durchfurcht wird. Ganz im Südwesten, zwischen Dorf und Ruine, ist eine Ziegelei aufgemacht worden, die ihren Lehm dem Tell selber entnimmt. Auf der höchsten Stelle des Hügels ist ein moderner islamischer Friedhof angelegt worden.

Noch vor dem Anfang unserer Arbeit auf dem Tell Ailun konnten wir in Begleitung des Dorfscheichs, des Muhtars, die Ziegelei besichtigen, in deren Betrieb sich mehrere Brunnen befinden, die alle Schichten bis auf das Grundwasser durchschlagen haben und bei deren Anlage wohl auch die ältesten bemalten Scherben an den Tag gekommen sind, die wir bisher auf dem Hügel festgestellt haben, Scherben von der Gattung der Tell Halaf-Buntkeramik, die mindestens hoch hinauf ins vierte Jahrtausend datiert. In einem der Dorfhäuser wurde uns ein großes Vorratsgefäß aus Ton gezeigt, das vor nicht langer Zeit oben auf der Südspitze des Hügels ausgegraben wurde. Es hat in seinem Boden ein absichtlich angebrachtes Loch, eine Durchbohrung, und dürfte infolgedessen ein Sarkophag in Gefäßform gewesen sein. Es mag in das 2. vorchristliche Jahrtausend gehören. Eine genaue Bestimmung war nicht möglich. Zu einer Nachgrabung an der Stelle sind wir nicht gekommen.

Einer unserer Arbeiter, der in Derbasije wohnt, hat schon öfters Raubgrabungen auf dem Hügel vorgenommen, angeblich um Bausteine zu fördern. Er zeigte uns in seiner Wohnung ein schönes Gefäß (Abb. 9), das er am nordöstlichen Fuß des Tell gefunden haben will. Es gehört der Form

Abb. 9

und der Bemalung nach der wohlbekannten Gattung der sogenannten Chabur-Ware an, die in die erste Hälfte des 2. Jahrtausends gehört. Wir kennen solche Gefäße von dem benachbarten Hügel Schāgher Bazar[7]. Daß der Topf vom Tell Ailum stammt, wird durch Scherben bestätigt, die wir auf der Oberfläche aufgelesen haben. Sie weisen genau die gleiche Bemalung, gegitterte Dreiecke mit Punkten kombiniert, auf. Chabur-Ware bedeckt in großen Mengen vor allem die oberen Teile des Hügels, d. h. die Geschichte des Tell Ailun muß ein Ende gefunden haben, als diejenige des Tell Fecherije ihren Anfang genommen hat.

Unsere Versuchsgrabungen galten drei *Suchschnitten I–III*, die wir auf der Nord-, Süd- und Südostseite anlegten, zunächst jeweils in einer Ausdehnung von 4 × 10 m. Im Lauf der Untersuchung haben wir die Schnitte I und III durch die Schnitte I a und III a erweitert.

Die Schnitte I (I a) und II liegen in etwa halber Höhe der Ruine, die nahezu 35 m aus der Ebene aufragt, d. h. also in 15 bis 20 m über der Ebene.

Der Schnitt III (III a) dagegen schneidet nicht in die Flanke des Hügels, sondern in seine höchste Oberfläche bei über 30 m ein.

Es war unsere Absicht, im Verlaufe unserer diesjährigen Kampagne auch die untere Hälfte und die Peripherie der Ruine mit Suchschnitten zu untersuchen. Der vorzeitige Abbruch unserer Arbeit hat uns leider daran gehindert.

Bei allen unseren Schürfungen stand uns als Ziel vor Augen, eine genauere Einsicht zu gewinnen in die Abfolge der Schichten, die sich im Tell Ailun im Laufe der Jahrtausende gebildet haben, indem wir genügend Kleinfunde in schichtbestimmter Lage sammelten, um eine Benennung der Schichten zu ermöglichen.

Im *Schnitt I* und seiner Erweiterung *I a* (Abb. 10), die mehrere Meter tief geführt wurden, traten mehrfach Mauern zutage, die sich deutlich durch ihre verschiedene Richtung und ihre schichtenmäßige Lage als verschiedenen Bauperioden zugehörig zu erkennen geben. Die größte Mauer, sicher ein Teil eines ansehnlichen Gebäudes, lag im Ostteil des Schnittes I, hatte eine Dicke von mehreren Metern und war aus rötlichen Luftziegeln vom Format 54,5 × 35,5 × 6 cm errichtet. Unter dieser Mauer kam eine dünnere zum Vorschein, deren Ziegel das Format 54 × 35 × 11 cm aufweisen. Auch im Schnitt I a wurden mehrere Mauern in verschiedener Höhe festgestellt, die jünger sein müssen als die in I. Alle diese Unterabteilungen

[7] *M. E. L. Mallowan*, Iraq IV Fig. 21 und 23.

Abb. 11

Abb. 12

Abb. 13

einer großen Siedlungsperiode scheinen jedoch in die Mitte und zweite Hälfte des 3. Jahrtausends zu gehören, weil sie hauptsächlich charakterisiert werden durch Scherben und Gefäße von einer Gattung, die unter dem Namen Ninive 5[8] bekannt ist. Diese Ware bevorzugt Becher und Schalen aus hellgelbem und rötlichem Ton, die außen mit geritzten, gekerbten und vertieften Ornamenten geometrischer Art versehen sind (Abb. 11). Sie ist durch Beispiele aus Ninive, Schāgher Bazar, Tell Hamidi und Tell Billa bekannt geworden. Sie gehört in die Mitte des 3. Jahrtausends v. Chr. und scheint lange, bis in die Akkadzeit, gelebt zu haben. Mit dem Schnitt I (I a) haben wir demnach Überreste in Tell Ailun berührt, die etwa in die Zeit der I. Dynastie von Ur und in die Akkadzeit zu datieren sind. Einige wenige bemalte Scherben, die weder der Gattung der Chaburware noch der viel älteren Tell Halaf-Buntkeramik angehören, z. B. ein Bruchstück einer innen und außen bemalten Schale, mögen Beispiele bemalter Ninive 5-Ware bieten, wie sie in Ninive selber zahlreicher zutage kam[9]. Sie stammen aus denselben Schichten wie die gekerbte und vertieft verzierte Ninive 5-Keramik in Tell Ailun.

Neben der Ninive 5-Ware gehören außerdem zahlreiche Scherben des Schnittes I (I a) einer gänzlich andern, noch wenig bekannten Gattung (Abb. 13) an. Schichtenmäßig deckt sie sich großenteils mit der Ninive 5-Ware, scheint aber doch etwas jünger zu sein. Der Ton dieser Art von Gefäßen ist viel feiner geschlemmt, klingend hart gebrannt, schwarzgrau im Bruch. Die Außenseite zeigt öfters abwechselnd schwarze und rote Streifen, die teilweise absichtlich durch den Brand erzeugt worden sind. Manche Gefäße sind außen gerillt. Zylinderförmige Becher, Näpfe und Schalen sind die häufigsten Formen. Die Gefäße können gelegentlich eine beträchtliche Größe erreichen.

Schon der guten Technik wegen ist man geneigt, sie für akkadisch zu halten, wie es auch schon Mallowan in Schāgher Bazār getan hat[10]. Eine Scherbe dieser Art wurde auf der Mauer aus großformatigen Ziegeln gefunden, die somit einem großen akkadischen Bau angehört haben könnte. In Tell Chūēra ist die Gattung besonders zahlreich vertreten.

Stimmen diese Überlegungen, so gehen die Schichten des Tell Ailun, die etwa in halber Höhe der Ruine liegen, in die Zeit der ersten Dynastie von

[8] Annals of Archeology and Anthropology of the University of Liverpool XX, S. 128/129 und Tf. 62/63, und Iraq IV, S. 105 (a) (Mallowan).

[9] Ebenda AAA Tf. 54 ff. und Iraq IV Fig. 25, 1 und 3.

[10] Iraq IX Tf. 39,4 S. 185.

Ur und der großen akkadischen Könige von Sargon bis Naramsin zurück. Es könnten auch die Schichten sein, die dem churrischen Reich des ausgehenden 3. Jahrtausends, dem Reich von Urkiš und Nawar entsprechen.

Der *Suchschnitt II,* der ebenfalls in einer Fläche von 4 × 10 m ungefähr in gleicher Höhe wie Schnitt I, dafür aber am Südhang des Hügels angelegt wurde, bestätigte die aus dem Schnitt I (I a) gewonnenen Erkenntnisse. Wir haben an ihm nur zwei Tage gearbeitet. Die keramischen Funde waren hier aber besonders reich. Sobald wir unter der Hügeloberfläche eine ungestörte Schuttschicht erreichten, tauchte sofort die eben erwähnte schwarzgraue, klingend hart gebrannte akkadische Ware auf. Daß sie tatsächlich aus der Akkadzeit stammt, wurde hier noch bekräftigt durch die Tatsache, daß im Suchschnitt II gleichzeitig viele schöngeformte Gefäße (Abb. 14 und 15) sich fanden, Kugelflaschen, Näpfe, eiförmige Becher, aus einem hellgelben oder rötlichen Ton, scharf gedreht aber ohne jegliche Verzierung, eine keramische Gattung, die auch in Tell Brak und Schāgher Bazār zur Akkadzeit vorkommt[11].

Außerdem lieferte der Schnitt II noch drei Fragmente des größten Ninive 5-Gefäßes, eines schweren, dickwandigen, tiefen Napfes (Abb. 12) mit dem typischen geritzten und vertieften Ornament. Auch hier lag diese Ware auf dem Tell Ailun mit der Akkad-Ware in einer Schicht. Wenn die Schnitte I (I a) und II, der eine am Nord-, der andere am Südhang, beide in einer Höhe von etwa 15 m über der Ebene gleichartige Funde aufweisen, so muß man schließen, daß der Tell Ailun in der 2. Hälfte des 3. Jahrtausends mit einer durchgehenden Besiedlung versehen war. Nur eine Flächengrabung könnte entscheiden, ob diese Siedlung wie in Tell Brak den erobernden Akkadern oder einer einheimischen Bevölkerung zuzuschreiben ist.

Unmittelbar östlich von Schnitt II, aber etwa zehn Meter höher, auf dem Kamm des Hügels, legten wir zunächst in der üblichen Ausdehnung von 4 × 10 m den *Suchschnitt III* an, den wir dann aber bereits nach drei Tagen auf eine Fläche von 20 × 10 m erweiterten. Der Schnitt III (III a) sollte uns Auskunft geben über die jüngste, weil höchstgelegene Schicht der Ruine. Die Wahl der Stelle wurde mitbestimmt durch eine besonders starke Anhäufung an der Oberfläche von bemalten Scherben der Chaburgattung, die in die erste Hälfte des 2. Jahrtausends zu setzen ist. Die Oberflächenfunde haben uns denn auch nicht irregeführt. Sobald die oberste lockere Schuttschicht abgetragen war, kamen in großen Mengen Scherben von kleinen und großen Chaburgefäßen zum Vorschein, teilweise mit der bekannten Orna-

[11] Iraq IX Tf. 82, 1–4, 9, 10, 11 und S. 257. Dazu *V. Christian,* Altertumskunde des Zweistromlandes, S. 338.

Abb. 14

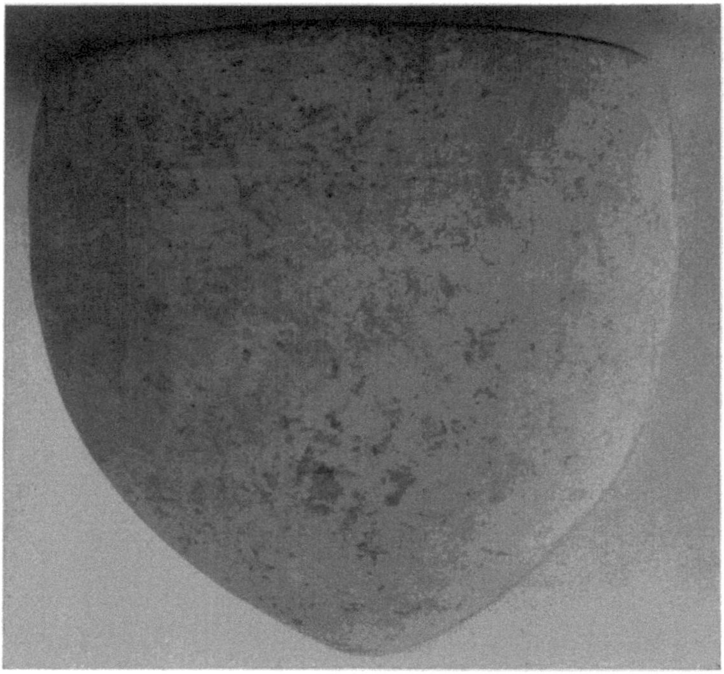

Abb. 15

Abb. 16

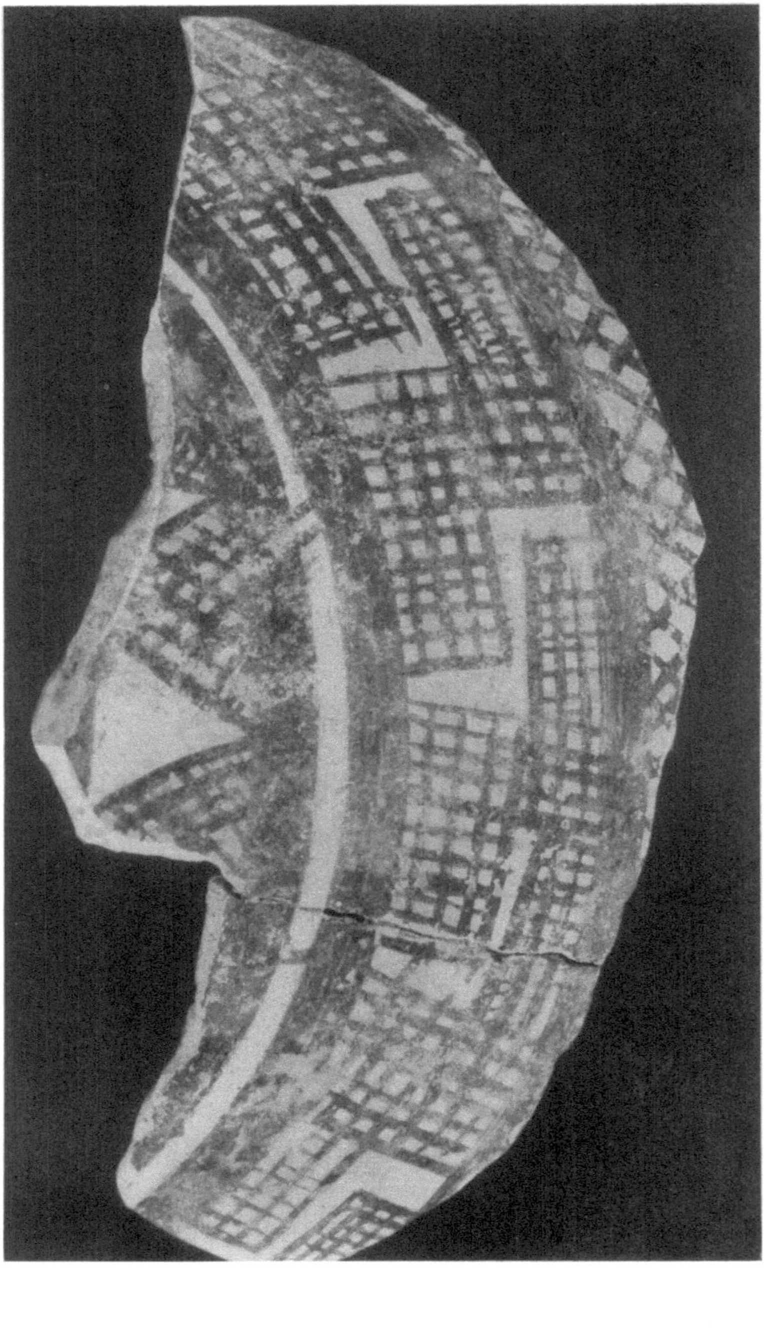

Abb. 17

Abb. 18

mentik, vor allem den gegitterten Dreiecken (Abb. 16), teilweise aber auch mit neuen Verzierungen (Abb. 17 u. 18).

Aus derselben Schicht des Suchschnittes III stammt ein Fragment eines Wagenrades mit aufgemaltem kreisförmigem Streifen, sicher Teil eines Votivwagens. Ferner aber fanden wir hier ein interessantes Bruchstück einer Terrakotta-Plastik in etwa halber Lebensgröße (Abb. 19–22). Wir erkennen den Kopf eines weiblichen Idols mit vogelartiger Physiognomie. Der vogelartige Charakter entsteht durch die schnabelförmig aus der Stirn ragende Nase, auf deren Seiten die beiden eng zusammenstehenden Augen angebracht sind, von zwei kreisrunden Löchern dargestellt, die von einem dick aufgesetzten Tonwulst umgeben sind. Unmittelbar über der Nase geht eine Frisur hoch, die von einem breiten Diadem gehalten wird und auf dem Hinterkopf ein flaches hängendes Rechteck von Zöpfen bildet. Die Backen sind vorgewölbt. An der Stelle der Ohren ragt jeweils ein Vorsprung seitlich heraus, der aber stark bestoßen ist. Der Unterkiefer mit Mundpartie ist wohl nicht weggebrochen, sondern absichtlich nie ausgeführt worden. Ergänzt man den Kopf in Gedanken, so ergibt sich ein deutliches Gegenstück in vergrößertem Format zu zahlreichen kleinen Terrakotta-Figuren, die wir immer schon mit dem syrisch-nordmesopotamischen Kreis der churrischen Kultur zusammengebracht haben[12] (Abb. 23 a u. b).

Um mehr zu erfahren über die churrische Siedlung des 2. Jahrtausends in Tell Ailun, haben wir in den letzten Tagen unseres Verbleibs in Syrien den Schnitt III weit nach Westen über den Kamm des Hügels gezogen und dort unsere gesamte Arbeiterschaft eingesetzt, um diesmal eine etwas größere Fläche freizulegen. Noch während wir in der obersten Schuttschicht steckten, erreichte uns die Nachricht vom Muhafaz in Hasseke, daß es ratsam sei, die Arbeit möglichst rasch abzuschließen und das Land zu verlassen. Hätten wir den Schnitt III (III a) langsam in seiner ganzen Ausdehnung hinabführen können, so hätten wir wahrscheinlich bald den stratigraphischen Anschluß an die Schichten des 3. Jahrtausends gewonnen; denn in dem östlichen Schnitt III waren wir schon in verhältnismäßig geringer Tiefe auf einige akkadische Scherben gestoßen.

Die untere Hälfte des Hügels und die unmittelbare Umgebung mußte unter den gegebenen Umständen einer späteren Untersuchung vorbehalten bleiben.

Vorläufig läßt sich zusammenfassend über den Tell Ailun folgendes aussagen: Er ist eine der mittelgroßen Ruinen des Chabur-Dreiecks, kleiner als

[12] *D. B. Harden,* Annals of Archeology and Anthropology. XXI S. 89 ff, Tf. 12.

Tell Brak, aber größer als die meisten Tells dieser Gegend. Sein unterer und demnach ausgedehnterer Teil muß Reste aus dem Anfang des 3. vorchristlichen Jahrtausends enthalten. Die Schichten in mittlerer Höhe gehören wahrscheinlich in die Mitte und zweite Hälfte des 3. Jahrtausends. Die Überreste des 2. Jahrtausends stecken im obersten, demnach am wenigsten ausgedehnten Teil des Hügels. Ausgesprochen Mitannisches, echte Nuzi-Ware z. B., hat sich bisher so gut wie gar nicht nachweisen lassen. Eine Grabung in größerem Maßstab, die es ermöglichen würde, zusammenhängende Gebäude mit ihrem eventuellen Inhalt freizulegen, setzt eine Beseitigung des islamischen Friedhofs auf dem Gipfel voraus, könnte dann aber auch wichtige Ergebnisse für die Geschichte des Churritertums im 3./2. Jahrtausend liefern. Ob man dabei das Glück hat, Schriftdenkmäler zu finden, die uns zugleich den Namen der Ruine in der Antike verraten, kann niemand voraussagen. Auch der Tell Brak hat bisher seinen alten Namen nicht hergegeben.

Die diesjährige Kampagne hat von meinen Mitarbeitern, Frau Dr. phil. U. Moortgat-Correns, Dr. phil. Barthel-Fritz Hrouda und Dipl.-Ing. Hansjürgen Schmidt, Ausdauer und Entbehrung gefordert. Sie haben ihre ganze Kraft und ihr volles Können in gegenseitiger Hilfsbereitschaft eingesetzt, um ein Gelingen der Unternehmung zu gewähren. Als die Gesundheit mehrerer Expeditionsmitglieder schon angegriffen war, hat uns Herr Prof. Dr. H. Otten durch seine Mitarbeit neuen Mut gegeben. Ihnen allen ist zu danken, was wir erreicht haben.

Berlin 1957

Abb. 19

Abb. 20

Abb. 21

Abb. 22

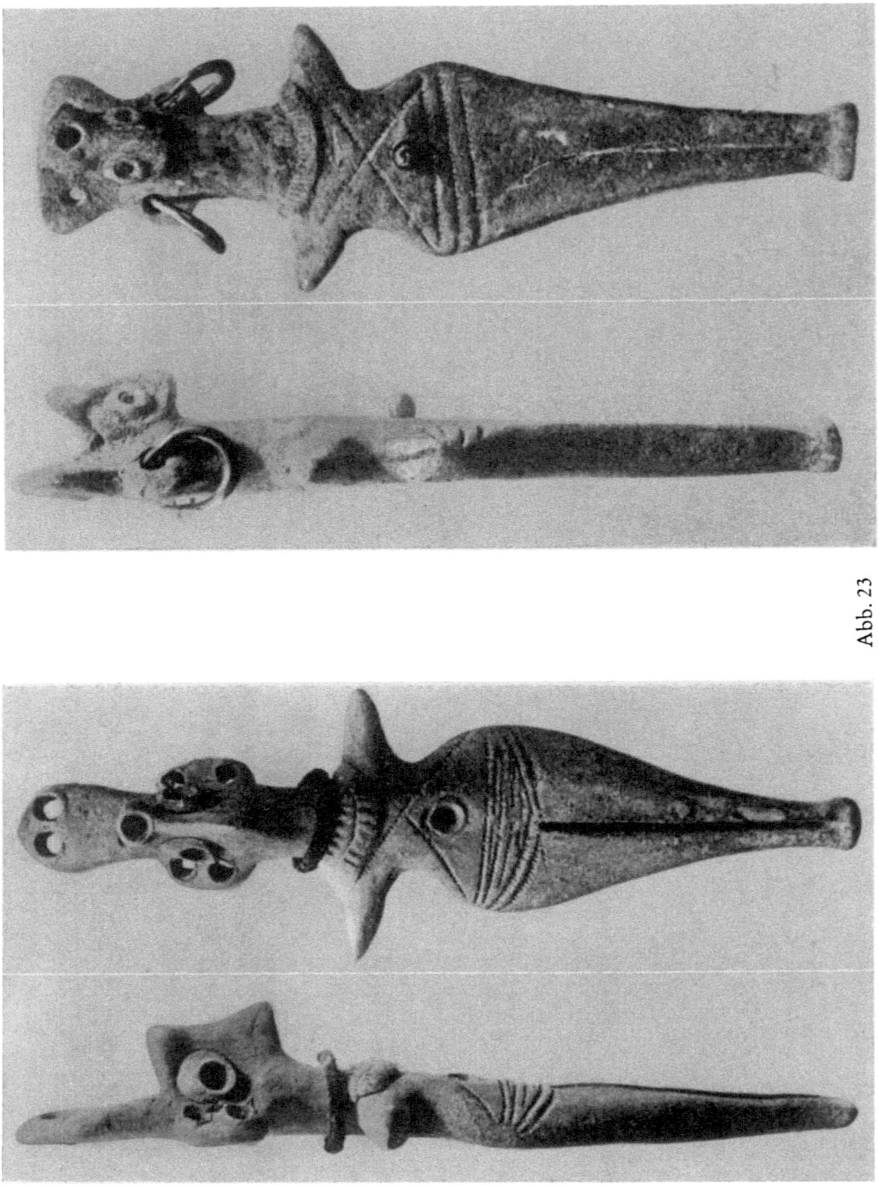

b

Abb. 23

a

Namenverzeichnis

Abū Ḥasan O 8
Abū Herēra I 5
Abū Kemāl O 8
Abū Mārjā = Tell Bumarīje S 3
Adana B 1, 2
'Adhēm (Radāmu) V, W 5–8
'Adjādje = 'Arbān N 4
Afess E, F 4
'Afrīn F 3
'Afrīn (Ufrīnus) E, F 2, 3
'Ain el 'Arus J 2
'Ain 'Isā J 3
Aintab = Gaziantep G 1
'Ain Tell F 3, 4
'Akkār D 8
Ala Punar D 1
Aleppo (Chalpa) F 4
Alexandrette = Iskenderun D 2, 3
'Amādīje (Amatu) T, U 1
Amarna H 2, 3
'Amq-See D, E 3
'Amrāt F 8
Amrīt (Marathus) C 7
'Amūdā (Amudis) O 1
Ana (Anat) Q 8
Antakya (Antiochia) D 3, 4
Antilibanon E 8
Aqra' U 2
'Arab el Muḍīq D 6
'Arab Punar I 2
'Arbān = 'Adjādje N 4
Arslan Tasch (Chadātu) I 2
Aşaği Yarimca J, K 2
'Aṣi, el (Orontes) D–F 4–8
Altun Kupri (Simurrum) V 4, 5
A'wedj N 1–3
'Azaz F 3

Bāb G 3
Bādji U 7
Baghawi S 3
Balāwāt (Imgur-Enlil) T, U 3, 4
Band el 'Adhēm W 8
Bānijās (Balanaia) C, D 6
Bāra E 5
Barcha S 4
Barda Balka X 5
Basch Tepe V 5
Bastūn V 2
Batas-Harir W 3
Bawiān = Chinnis T 2
Beled Sindjār (Singara) Q 3
Belīch (Balissos) J, K 1–4
Birecik (Apamea) H 1, 2
Birimi Hüyük L 1
(Birtu) U 8
Bsēra N 6

Çağdin G 2
Çatal Hüyük E 3
Çatar Hüyük F 1
Ceyhan C 1
Ceyhan (Pyramos) C, D 1, 2
Chābūr (Chaborras) M, N, O 2-6
Chābūr R, S, T 1
Chanāzir N, O 1–3
Chān Schēchūn E 6
Charāb Sējār L 3
Chāṣa G, H 3
Chātūnīje-See (Lacus Berberaci) O 3
Chinnis = Bawiān T 2
Chirbet Ḥāṣ E 5
Chorsābād (Dūr-Scharrukīn) T 3
(Circesium) N 6
Çoba Hüyük F 1
Cudi L 1, 2

Ḍahr Safra C, D 6, 7
Dānā E 5
Dānā E, F 4
Dara (Anastasiopolis) O 1
Daulājat S 3
Daur U, V 8
Derbasīje N 1
Dēr es Zōr M 6
Deve Hüyük H 2
Dhahab G 3, 4
Dibschīje R 5

Dibse (Tapsakos) I 4
Dijan V 2
Djabilta U 7
Djaghdjagh (Mygdonios) O, P 1–3
Djaribīje (Hindana) O 8
Djarra P 1, 2
Djebalt el Bēḍa L, M 3, 4
Djebbūl G 4
Djebel ʿAbd el ʿAzīz L, M, N 3, 4
Djebel Abjaḍ R, S 1, 2
Djebel Anṣārīje D 5–7
Djebel Aqraʿ D 4
Djebel Bāghūz O 8
Djebel Bilās G, H 7
Djebel Buēda H, I, J 7
Djebel Ḥamrīm T 6, U–X 6–8
Djebel Makḥūl T, U 6
Djebel Maqlūb T, U 3
Djebel Schār H, I 7
Djebel Simʿān E, F 3, 4
Djebel Sindjār O–R 3
Djebel Soti S, T 2
Djeble (Gabala) D 6
Djekke G 3
Djerablus H 2
Djerād E 5
Djerwan T 2
Djezīret ibn ʿOmar (Bezabde) R 1
Djirehīje (Rimusa) T 2
Djirdjib L, M 1, 2
Djulundi X 4
Dnēbi F 7
Dokan W 4
Dohūk S 2
Domuz Tepe D, E 1
(Dura Europos) N 7, 8

(Ekallātum) U 6
El ʿAsi (Orontes) D–F 4–8
El Ḥaḍra (Hatra) S 5
El Kbīse M 2
El Mīnā (Posideion) D 4
El Qalʿa D 5
El Quṣēr J 5
Erbil (Arbailu) V 3
Er Rūṣ D 6
Eski Haran K 2
Eski Mōṣul (Balaṭā) S 3
Eski Meskene (Bālis, Barbalissos) H 4
Euphrat (Purattu) H–Q 1–8
Faradj F 5
Fatha U 6

Gali Zardak T 3
Gerçin F 1
Gir Balik Q 4
Gaziantep = Aintab G 1
Gozlü Kule A 2
Grā Resch Q 3
Gunduk U 2

Ḥādjdji Junus R 3
Ḥaḍra, el (Hatra) S 5
Ḥākal T 5
Halebīje (Zenobia) L 5
Ḥamā (Hamāt) E 6
Hamīdīje C 7
Ḥammām ʿAlī T 4
Harada S 4
Haran (Charrānu) J, K 2
Harbi Kosa J 1, 2
(Ḥaridu) P 8
Ḥārim E 4
Ḥasetsche N 3
Haüşli Hüyük A 2
Ḥomṣ (Emessa) E 7
Ḥomṣ, See E 8
Hūēsch T 5

Ibrāhīm Bajis U 5
Idlib E 4
Imamoglu C 1
Iskenderun = Alexandrette D 2, 3
Islahiye E 1

Jarimdja V 5
Jerim Tepe R 3
Jorgan Tepe (Nuzu) V 6

Kale Hisar K 1, 2
Karaburçlu F 1
Karaköprü J 1

Kara Kuzuk I 3
Kara Su E 2, 3
Karataş (Magarsos) B, C 3
Kara Tepe X 8
Kara Tepe D 1
Kargamiş H 2
Karim Schāgher X 5
Kaula Kandar U 4, 5
Kbīse, el M 2
Kefadiz Hüyük F 1
Kelischin W, X 1
Kerkūk (Arrapcha) W 5
Keschāf T 4
Kidri Basikin X 3
Kifri (Lahiru) X 7
Kilis F 2
Kirikhan E 3
Kista S 1
Kizil Dağ C, D 3
Kohhisar N 1
Koi-Sandjak W 4
Kōkab O 3
Kok Tepe V 5
Kozanli A 2
Krak des Chevaliers = Qal'at el Ḥöṣn D 7
Kudisch Kebīr V 6
Kudisch Ṣeghīr V, W, 6
Kujundjik (Ninive) T 3
Kurd Dağ F, G 1, 2
Kuzler Tepe J 1

Lādiqīje (Laodicea) C 5
Libanon C, D 8

Ma'arret en No'mān E 5
Ma'arre en No'mān E 5
Machmur U 4, 5
Maghar V 6
Maḥuz U, V 5
Maltaja S 3
Mardin (Mārdē) N 1
Matarrah W 6
Mdjebira X 8
Membidj (Hierapolis) H 3
Mersin A 2
Mescherfe (Qatnā) F 7
Meskene H 4
Mīnā, el (Posideion) D 4
Murek E 6
Millet Mirgi S 1
Mīnet el Bēḍā C 5
Misis C 2
Mōṣul T 3
Mōṣul Tepe (Sulu) T 3
Msedjra X 8

Naqqar X 8
Negub T, U 4
Nērab F, G 4
Nimrūd (Kalchu) T 4
Nizip H 1, 2
Nur Dağ (Amanus) D, E 1–3
Nusaybin (Nisibis) O 1

Osmanīje F 7
Osmaniye D 1

Pali Kaura X 5

Qal'a, el D 5
Qal'a Mortka V 3
Qal'at Diza X 3
Qal'at Dj'aber I 4
Qal'at Djarmo X 5
Qal'at el Ḥöṣn = Krak des Chevaliers D 7
Qal'at el Merqab D 6
Qal'at el Muḍīq (Apamea) E 6
Qal'at Massiaf D 6, 7
Qal'at Schergāt (Assur) T 6
Qal'at Sēdjar (Larisa) E 6
Qal'at Sim'ān (St. Simeon) F 3
Qafra W 8
Qāmischlīje O 1
Qaṣr el Ḥēr G 8
Qaṣr'Erṣi O 8
Qaṣr Schemamok (Kakzu) V 4
Qaṭṭīne E 8
Qizqapan X 4
Quṣēr, el J 5
Quwēq F, G 2–4

Rabanki-Brücke R, S 1
Radd O, P 2, 3

Rania X 3
Raqqa (Nikephorion) J, K 4
Rās el 'Ain (Theodosiopolis) M 2
Rās Schamrā (Ugarīt) C 5
Rastāne E 7
Resāfe (Sergiopolis) J 5
Resülyan J 1
Rīḥā E 5
Rowanduz W 2
Ruād (Aradus) C 7
Rūṣ, er D 6
Ruwēḥa E 5

Sabā O 8
Sabcha K 5
Ṣalāḥīje N 8
Sa'jid Moḥammed X 8
Sakçagözü F 1
Sarmada E 4
Schanidar V 2
Schaqlewe V 3
Schari' - See V 8
Scharug Q 3, 4
Schēch Adi T 2
Scheddāde N 4
Schemschemal X 5
Sch'ērāt F 8
Scherīf Chān (Tarbiṣu) T 3
Schiro Melektha S, T 2
Sedjer N 6
Sefīre G 4
(Seleucia pieria) D 4
Selgin G 2
Selimīje F 7
Sermīn (Sermion) E 4
Seyhan (Saros) B 1, 2
Sinn U 6
Sirkeli C 1, 2
Songrus F 1
Ṣūar N 5, 6
Suchne J 7
Sūēda L 5
Süveydiye D 4
Sukēr O 3
Sultan Tepe J 1
Sumatar J, K 2

Tabara el Akrad E 3, 4
Tabbat el Ḥammām C, D 7
Taftanāz E, F 4
Tarsus A, B 2
Ṭarṭūs (Tortosa) C 7
Tauq W 6
Taurus A, B 1
(Thallaba) N 3
Taza-Churmatu W 6
Tekrīt U 8
Tell Aaṣāfīr M 2
Tell Abjaḍ J 2
Tell 'Abtu R, S 4
Tell Abū Bekr N, O 3
Tell Abū Dj'aber Kebīr G 3
Tell Abū Djrēn G 4
Tell Abū Dricha G 4
Tell Abū Ḥadjar M 2, 3
Tell Abū Hājāt N 6
Tell Abū Rāsēn M, N 2
Tell Abū Schāchāt L 2, 3
Tell Abū Zanna G 4
Tell Açana (Alalach) E 3, 4
Tell 'Adā F 7
Tell 'Afar (Nimet Ischtar) R 3
Tell Aḥmar N 4
Tell Ahmar (Til Barsip) H, I 3
Tell 'Ain el 'Abd N 3
Tell Ailūn N 2
Tell 'Alī Pascha X 8
Tell 'Amūdā O 1
Tell Aqra' T, U 5
Tell Aran G 4
Tell 'Arbīd O 2
Tell Arpatschīje T 3
Tell Aschāra (Tirqa) N 7
Tell 'Aschārne E 6
Tell Aswad J, K 3
Tell Aswad Fōqānī N 2, 3
Tell Aswad Taḥtānī N 3
Tell Bāghūz O 8
Tell Barka M 2
Tell Bāṭī N 2
Tell Bē'a K 4
Tell Bēdar N 2, 3
Tell Bēzārī N, O 3

Tell Billa (Schibaniba) T 3
Tell Bīṣe E 7
Tell Blatt G 4
Tell Bogha L 2
Tell Botan G 3
Tell Brāk O 2, 3
Tell Bumarīje = Abū Mārjā S 3
Tell Chaṣ N 2
Tell Chanāfes M 2
Tell Chanzīr L 2
Tell Chanzīr O 2
Tell Chazne F 7
Tell Choschi Q 4
Tell Chūēra L 2, 3
Tell Chuēres Scharqī G 4
Tell Cüdeyde E 3
Tell Dechlīz L 3
Tell Dibāk N 2
Tell Dīk N 2
Tell Djanīje I 4
Tell Djudēde G 4
Tell Djedīd F 7
Tell Djedle J 2, 3
Tell Djiban N 6
Tell Erfad (Arpad) F 3
Tell Ermen N 1
Tell Emīr N 2
Tell es Schnān F 8
Tell es Secher X 8
Tell eş Şeyh D, E 3, 4
Tell eth Thēdejēn J 5
Tell Faghamī O 4, 5
Tell Farfarā P 2
Tell Fecherīje M 2
Tell Fedda H 4
Tell Fudēn N 6
Tell Geghok Q 2
Tell (Gir) Mahīr O 2
Tell Glē'a L 2, 3
Tell Gōmel (Gaugamela) U 2, 3
Tell Gowran L 1
Tell Hadhāl Q 4
Tell Hadi Q 2
Tell Hajal P 3
Tell Ḥalaf (Guzāna) M 2
Tell Hamdūn O 1, 2
Tell Ḥamidi O 2
Tell Ḥammām G, H 4
Tell Ḥammām I 2, 3
Tell Ḥammām K 3
Tell Ḥamūdi O 2
Tell Hamūkar Q 2
Tell Hana F 7
Tell Ḥarīri (Mâri) O 8
Tell Ḥarmal M, N 2
Tell Ḥassūna T 4
Tell Hawā R 2
Tell Ḥūda P 2
Tell Ḥūdān H 3
Tell Ḥuṣēn N 5
Tell Inthā (Kisiri) T 3
Tell Irmē R 3
Tell Kazel D 7
Tell Kebīr Q 2
Tell Kēf T 3
Tell Kotschek Q 2
Tell Kōz Q 2
Tell Lēlān P 2
Tell Mabṭūḥ M 3
Tell Mabṭūḥ N 3
Tell Madjal (Magdalathum) N 3
Tell Magher M 3
Tell Maksūr G 4
Tell Mannchar Gharbī K 4
Tell Mannchar Scharqī K 4
Tell Mardīch E, F 5
Tell Marqada N 5
Tell Māschan N 6
Tell Mefeschsch J 3, 4
Tell Mosti P 3
Tell Mōzan O 1, 2
Tell Mūazzar M 3
Tell Muṭabb L 5
Tell Nabhāne N 2
Tell Nas H 4
Tell Nā'ūra Q 2
Tell Nebī Mend (Kadesch) E 8
Tell Nedjara G 4
Tell Nis Q 4
Tell Qabr Kebīr M, N 2
Tell Qabr Ṣeghīr N 2
Tell Qajāra T 4

Tell Qarassa P 2
Tell Qatar G 3, 4
Tell Qaṭṭīne M 2
Tell Rumēlān Q 2
Tell Sabāne G 4
Tell Salandar O 2
Tell Schāgher Bāzār O 2
Tell Schāme M 2
Tell Schēch Aḥmed G 4
Tell Schēch Aswad K 4
Tell Schēch Ḥamad N 5
Tell Schemsānī O 5
Tell Schemschara X 3
Tell Schirba G 4
Tell (es) Schnān F 8
Tell (es) Secher X 8
Tell Sēgár Fōqānī N 2
Tell Sēgár Taḥtānī N 2
Tell Sēgár Wastānī N 2
Tell Semn J 4
Tell (eş) Şeyh D, E 3, 4
Tell Sḥalān J 3
Tell Sifra S 4
Tell Simirijān D 7
Tell Sukāṣ D 6
Tell Sumajir Q 2
Tell Ṭābān N, O 3
Tell Tainat E 3
Tell Talfiz N 6
Tell Tamr (Themeres) M, N 2, 3
Tell Ṭawīle M 2, 3
Tell Tenēnir (Thannuris) O 3
Tell ʿUēnāt R 2
Tell Ward Schiarqī M, N 2
Tell Wasta G 4
Tell Zēdān K 4
Telūl ʿAqr (Kar-Tukulti-Ninurta) T 5
Telūl eth Thalāthāt R 3
Tepe Gaura T 3
Tepe Schenschi (Gingilinisch) T 3
Tharthār Q–T 3–8
(Thebeta) P, Q 2
Tell (eth) Thēdejēn J 5
Tigris (Idiglat) Q–V 1–8
Til Başar G 2
Top Zawä W 2
Tripoli C 8
Tudmur (Palmyra) I 8
Tur Abdin M–O 1
Turmānīn F 3, 4
Tuwām S 3
Tuz-Chirmatu W 7

(Ubase) T 4
Umer Tepe J 1
Urfa (Edessa) J 1

Viran Şehir (Constantina) L 1

Yarim C, D 1
Yaylak J 1
Yenice B 2
Yeni Şehir E 3
Yümük Tepe A 2

Zāb, oberer (Lykos) T–W 1–4
Zāb, unterer U–X 3–6
Zāchō S 1
Zarzi X 4
Zebar V 2
Zelebīje L 5
Zergān M, N 1–3
Zibini Hüyük L 1
Zincirli (Sam'al) F 1

VERÖFFENTLICHUNGEN DER ARBEITSGEMEINSCHAFT FÜR FORSCHUNG DES LANDES NORDRHEIN-WESTFALEN

NATURWISSENSCHAFTEN

HEFT 1
Prof. Dr.-Ing. Friedrich Seewald, Aachen
Neue Entwicklungen auf dem Gebiet der Antriebsmaschinen
Prof. Dr.-Ing. Friedrich A. Schmidt, Aachen
Technischer Stand und Zukunftsaussichten der Verbrennungsmaschinen, insbesondere der Gasturbinen
Dr.-Ing. Rudolf Friedrich, Mülheim (Ruhr)
Möglichkeiten und Voraussetzungen der industriellen Verwertung der Gasturbine
1951, 52 Seiten, 15 Abb., kartoniert, DM 2,75

HEFT 2
Prof. Dr.-Ing. Wolfgang Riezler, Bonn
Probleme der Kernphysik
Prof. Dr. Fritz Micheel, Münster
Isotope als Forschungsmittel in der Chemie und Biochemie
1951, 40 Seiten, 10 Abb., kartoniert, DM 2,40

HEFT 3
Prof. Dr. Emil Lehnartz, Münster
Der Chemismus der Muskelmaschine
Prof. Dr. Gunther Lehmann, Dortmund
Physiologische Forschung als Voraussetzung der Bestgestaltung der menschlichen Arbeit
Prof. Dr. Heinrich Kraut, Dortmund
Ernährung und Leistungsfähigkeit
1951, 60 Seiten, 35 Abb., kartoniert, DM 3,50

HEFT 4
Prof. Dr. Franz Wever, Düsseldorf
Aufgaben der Eisenforschung
Prof. Dr.-Ing. Hermann Schenck, Aachen
Entwicklungslinien des deutschen Eisenhüttenwesens
Prof. Dr.-Ing. Max Haas, Aachen
Wirtschaftliche Bedeutung der Leichtmetalle und ihre Entwicklungsmöglichkeiten
1952, 60 Seiten, 20 Abb., kartoniert, DM 3,50

HEFT 5
Prof. Dr. Walter Kikuth, Düsseldorf
Virusforschung
Prof. Dr. Rolf Danneel, Bonn
Fortschritte der Krebsforschung
Prof. Dr. Dr. Werner Schulemann, Bonn
Wirtschaftliche und organisatorische Gesichtspunkte für die Verbesserung unserer Hochschulforschung.
1952, 50 Seiten, 2 Abb., kartoniert, DM 2,75

HEFT 6
Prof. Dr. Walter Weizel, Bonn
Die gegenwärtige Situation der Grundlagenforschung in der Physik
Prof. Dr. Siegfried Strugger, Münster
Das Duplikantenproblem in der Biologie
Direktor Dr. Fritz Gummert, Essen
Überlegungen zu den Faktoren Raum und Zeit im biologischen Geschehen und Möglichkeiten einer Nutzanwendung
1952, 64 Seiten, 20 Abb., kartoniert, DM 3,—

HEFT 7
Prof. Dr.-Ing. August Götte, Aachen
Steinkohle als Rohstoff und Energiequelle
Prof. Dr. Dr. E. h. Karl Ziegler, Mülheim (Ruhr)
Über Arbeiten des Max-Planck-Institutes für Kohlenforschung
1953, 66 Seiten, 4 Abb., kartoniert, DM 3,60

HEFT 8
Prof. Dr.-Ing. Wilhelm Fucks, Aachen
Die Naturwissenschaft, die Technik und der Mensch
Prof. Dr. Walter Hoffmann, Münster
Wirtschaftliche und soziologische Probleme des technischen Fortschritts
1952, 84 Seiten, 12 Abb., kartoniert, DM 4,80

HEFT 9
Prof. Dr.-Ing. Franz Bollenrath, Aachen
Zur Entwicklung warmfester Werkstoffe
Prof. Dr. Heinrich Kaiser, Dortmund
Stand spektralanalytischer Prüfverfahren und Folgerung für deutsche Verhältnisse
1952, 100 Seiten, 62 Abb., kartoniert, DM 6,—

HEFT 10
Prof. Dr. Hans Braun, Bonn
Möglichkeiten und Grenzen der Resistenzzüchtung
Prof. Dr.-Ing. Carl Heinrich Dencker, Bonn
Der Weg der Landwirtschaft von der Energieautarkie zur Fremdenergie
1952, 74 Seiten, 23 Abb., kartoniert, DM 4,30

HEFT 11
Prof. Dr.-Ing. Herwart Opitz, Aachen
Entwicklungslinien der Fertigungstechnik in der Metallbearbeitung
Prof. Dr.-Ing. Karl Krekeler, Aachen
Stand und Aussichten der schweißtechnischen Fertigungsverfahren
1952, 72 Seiten, 49 Abb., kartoniert, DM 5,—

HEFT 12

Dr. Hermann Rathert, Wuppertal-Elberfeld
Entwicklung auf dem Gebiet der Chemiefaser-Herstellung

Prof. Dr. Wilhelm Weltzien, Krefeld
Rohstoff und Veredlung in der Textilwirtschaft

1952, 84 Seiten, 29 Abb., kartoniert, DM 4,80

HEFT 13

Dr.-Ing. E. h. Karl Herz, Frankfurt a. M.
Die technischen Entwicklungstendenzen im elektrischen Nachrichtenwesen

Staatssekretär Prof. Dr. h. c. Leo Brandt, Düsseldorf
Navigation und Luftsicherung

1952, 102 Seiten, 97 Abb., kartoniert, DM 7,25

HEFT 14

Prof. Dr. Burckhardt Helferich, Bonn
Stand der Enzymchemie und ihre Bedeutung

Prof. Dr. Hugo Wilhelm Knipping, Köln
Ausschnitt aus der klinischen Carcinomforschung am Beispiel des Lungenkrebses

1952, 72 Seiten, 12 Abb., kartoniert, DM 4,30

HEFT 15

Prof. Dr. Abraham Esau †, Aachen
Ortung mit elektrischen und Ultraschallwellen in Technik und Natur

Prof. Dr.-Ing. Eugen Flegler, Aachen
Die ferromagnetischen Werkstoffe der Elektrotechnik und ihre neueste Entwicklung

1953, 84 Seiten, 25 Abb., kartoniert, DM 4,80

HEFT 16

Prof. Dr. Rudolf Seyffert, Köln
Die Problematik der Distribution

Prof. Dr. Theodor Beste, Köln
Der Leistungslohn

1952, 70 Seiten, 1 Abb., kartoniert, DM 3,50

HEFT 17

Prof. Dr.-Ing. Friedrich Seewald, Aachen
Luftfahrtforschung in Deutschland und ihre Bedeutung für die allgemeine Technik

Prof. Dr.-Ing. Edouard Houdremont, Essen
Art und Organisation der Forschung in einem Industrieforschungsinstitut der Eisenindustrie

1953, 90 Seiten, 4 Abb., kartoniert, DM 4,20

HEFT 18

Prof. Dr. Werner Schulemann, Bonn
Theorie und Praxis pharmakologischer Forschung

Prof. Dr. Wilhelm Groth, Bonn
Technische Verfahren zur Isotopentrennung

1953, 72 Seiten, 17 Abb., kartoniert, DM 4,—

HEFT 19

Dipl.-Ing. Kurt Traenckner, Essen
Entwicklungstendenzen der Gaserzeugung

1953, 26 Seiten, 12 Abb., kartoniert, DM 1,60

HEFT 20

Lw. M. Zvegintzow, London
Wissenschaftliche Forschung und die Auswertung ihrer Ergebnisse
Ziel und Tätigkeit der National Research Development Corporation

Dr. Alexander King, London
Wissenschaft und internationale Beziehungen

1954, 88 Seiten, kartoniert, DM 4,20

HEFT 21

Prof. Dr. Robert Schwarz, Aachen
Wesen und Bedeutung der Silicium-Chemie

Prof. Dr. Dr. h. c. Kurt Adler, Köln
Fortschritte in der Synthese von Kohlenstoffverbindungen.

1954, 76 Seiten, 49 Abb., kartoniert, DM 4,—

HEFT 21a

Prof. Dr. Dr. h. c. Otto Hahn, Göttingen
Die Bedeutung der Grundlagenforschung für die Wirtschaft

Prof. Dr. Siegfried Strugger, Münster
Die Erforschung des Wasser- und Nährsalztransportes im Pflanzenkörper mit Hilfe der fluoreszenzmikroskopischen Kinematographie

1953, 74 Seiten, 26 Abb., kartoniert, DM 5,—

HEFT 22

Prof. Dr. Johannes von Allesch, Göttingen
Die Bedeutung der Psychologie im öffentlichen Leben

Prof. Dr. Otto Graf, Dortmund
Triebfedern menschlicher Leistung

1953, 80 Seiten, 19 Abb., kartoniert, DM 4,—

HEFT 23

Prof. Dr. Dr. h. c. Bruno Kuske, Köln
Zur Problematik der wirtschaftswissenschaftlichen Raumforschung

Prof. Dr. Dr.-Ing. E. h. Stephan Prager, Düsseldorf
Städtebau und Landesplanung

1954, 84 Seiten, kartoniert, DM 3,50

HEFT 24

Prof. Dr. Rolf Danneel, Bonn
Über die Wirkungsweise der Erbfaktoren

Prof. Dr. Kurt Herzog, Krefeld
Bewegungsbedarf der menschlichen Gliedmaßengelenke bei der Berufsarbeit

1953, 76 Seiten, 18 Abb., kartoniert, DM 4,—

HEFT 25

Prof. Dr. Otto Haxel, Heidelberg
Energiegewinnung aus Kernprozessen

Dr.-Ing. Max Wolf, Düsseldorf
Gegenwartsprobleme der energiewirtschaftlichen Forschung

1953, 98 Seiten, 27 Abb., kartoniert, DM 5,25

HEFT 26

Prof. Dr. Friedrich Becker, Bonn
Ultrakurzwellenstrahlung aus dem Weltraum

Dr. Hans Straßl, Bonn
Bemerkenswerte Doppelsterne und das Problem der Sternentwicklung

1954, 70 Seiten, 8 Abb., kartoniert, DM 3,60

HEFT 27

Prof. Dr. Heinrich Behnke, Münster
Der Strukturwandel der Mathematik in der ersten Hälfte des 20. Jahrhunderts

Prof. Dr. Emanuel Sperner, Hamburg
Eine mathematische Analyse der Luftdruckverteilungen in großen Gebieten

1956, 96 Seiten, 12 Abb., 5 Tab., kart., DM 5,—

HEFT 28

Prof. Dr. Oskar Niemczyk, Aachen
Die Problematik gebirgsmechanischer Vorgänge im Steinkohlenbergbau

Prof. Dr. Wilhelm Ahrens, Krefeld
Die Bedeutung geologischer Forschung für die Wirtschaft, besonders in Nordrhein-Westfalen

1955, 96 Seiten, 12 Abb., kartoniert, DM 5,25

HEFT 29

Prof. Dr. Bernhard Rensch, Münster
Das Problem der Residuen bei Lernleistungen

Prof. Dr. Hermann Fink, Köln
Über Leberschäden bei der Bestimmung des biologischen Wertes verschiedener Eiweiße von Mikroorganismen

1954, 96 Seiten, 23 Abb., kartoniert, DM 5,25

HEFT 30

Prof. Dr.-Ing. Friedrich Seewald, Aachen
Forschungen auf dem Gebiete der Aerodynamik

Prof. Dr.-Ing. Karl Leist, Aachen
Einige Forschungsarbeiten aus der Gasturbinentechnik

1955, 98 Seiten, 45 Abb., kartoniert, DM 7,—

HEFT 31

Prof. Dr.-Ing. Dr. h. c. Fritz Mietzsch, Wuppertal
Chemie und wirtschaftliche Bedeutung der Sulfonamide

Prof. Dr. h. c. Gerhard Domagk, Wuppertal
Die experimentellen Grundlagen der bakteriellen Infektionen

1954, 82 Seiten, 2 Abb., kartoniert, DM 4,—

HEFT 32

Prof. Dr. Hans Braun, Bonn
Die Verschleppung von Pflanzenkrankheiten und -schädigungen über die Welt

Prof. Dr. Wilhelm Rudolf, Voldagsen
Der Beitrag von Genetik und Züchtung zur Bekämpfung von Viruskrankheiten der Nutzpflanzen

1953, 88 Seiten, 36 Abb., kartoniert, DM 5,—

HEFT 33

Prof. Dr.-Ing. Volker Aschoff, Aachen
Probleme der elektroakustischen Einkanalübertragung

Prof. Dr.-Ing. Herbert Döring, Aachen
Erzeugung und Verstärkung von Mikrowellen

1954, 74 Seiten, 23 Abb., kartoniert, DM 4,30

HEFT 34

Geheimrat Prof. Dr. Dr. Rudolf Schenck, Aachen
Bedingungen und Gang der Kohlenhydratsynthese im Licht

Prof. Dr. Emil Lehnartz, Münster
Die Endstufen des Stoffabbaues im Organismus

1954, 80 Seiten, 11 Abb., kartoniert, DM 4,20

HEFT 35

Prof. Dr.-Ing. Hermann Schenck, Aachen
Gegenwartsprobleme der Eisenindustrie in Deutschland

Prof. Dr.-Ing. Eugen Piwowarsky †, Aachen
Gelöste und ungelöste Probleme im Gießereiwesen

1954, 110 Seiten, 67 Abb., kartoniert, DM 6,50

HEFT 36

Prof. Dr. Wolfgang Riezler, Bonn
Teilchenbeschleuniger

Prof. Dr. Gerhard Schubert, Hamburg
Anwendung neuer Strahlenquellen in der Krebstherapie

1954, 104 Seiten, 43 Abb., kartoniert, DM 7,—

HEFT 37

Prof. Dr. Franz Lotze, Münster
Probleme der Gebirgsbildung

1957, 48 Seiten, 12 Abb., kartoniert, DM 2,75

HEFT 38

Dr. E. Colin Cherry, London
Kybernetik

Prof. Dr. Erich Pietsch, Clausthal-Zellerfeld
Dokumentation und mechanisches Gedächtnis — zur Frage der Ökonomie der geistigen Arbeit

1954, 108 Seiten, 31 Abb., kartoniert, DM 5,25

HEFT 39

Dr. Heinz Haase, Hamburg
Infrarot und seine technischen Anwendungen

Prof. Dr. Abraham Esau †, Aachen
Ultraschall und seine technischen Anwendungen

1955, 80 Seiten, 25 Abb., kartoniert, DM 4,80

HEFT 40

Bergassessor Fritz Lange, Bochum-Hordel
Die wirtschaftliche und soziale Bedeutung der Silikose im Bergbau

Prof. Dr. Walter Kikuth, Düsseldorf
Die Entstehung der Silikose und ihre Verhütungsmaßnahmen

1954, 120 Seiten, 40 Abb., kartoniert, DM 7,25

HEFT 40 a

Prof. Dr. Eberhard Gross, Bonn
Berufskrebs und Krebsforschung

Prof. Dr. Hugo Wilhelm Knipping, Köln
Die Situation der Krebsforschung vom Standpunkt der Klinik

1955, 88 Seiten, 31 Abb., kartoniert, DM 5,—

HEFT 41

Direktor Dr.-Ing. Gustav-Victor Lachmann, London
An einer neuen Entwicklungsschwelle im Flugzeugbau

Direktor Dr.-Ing. A. Gerber, Zürich-Oerlikon
Stand der Entwicklung der Raketen- und Lenktechnik

1955, 88 Seiten, 44 Abb., kartoniert, DM 6,—

HEFT 42

Prof. Dr. Theodor Kraus, Köln
Lokalisationsphänomene und Ordnungen im Raume

Direktor Dr. Fritz Gummert, Essen
Vom Ernährungsversuchsfeld der Kohlenstoffbiologischen Forschungsstation Essen

1957, 69 Seiten, 20 Abb., kartoniert, DM 4,50

HEFT 42 a

Prof. Dr. Dr. h. c. Gerhard Domagk, Wuppertal
Fortschritte auf dem Gebiet der experimentellen Krebsforschung

1954, 46 Seiten, kartoniert, DM 2,—

HEFT 43

Prof. Giovanni Lampariello, Rom
Über Leben und Werk von Heinrich Hertz

Prof. Dr. Walter Weizel, Bonn
Über das Problem der Kausalität in der Physik

1955, 76 Seiten, kartoniert, DM 3,30

HEFT 43 a

Prof. Dr. José Mª Albareda, Madrid
Die Entwicklung der Forschung in Spanien

1956, 68 Seiten, 18 Abb., kartoniert, DM 4,—

HEFT 44

Prof. Dr. Burckhardt Helferich, Bonn
Über Glykoside

Prof. Dr. Fritz Micheel, Münster
Kohlenhydrat-Eiweiß-Verbindungen und ihre biochemische Bedeutung

1956, 70 Seiten, 67 Abb., kartoniert, DM 4,60

HEFT 45

Prof. Dr. John von Neumann, Princeton, USA
Entwicklung und Ausnutzung neuerer mathematischer Maschinen
Prof. Dr. Eduard Stiefel, Zürich
Rechenautomaten im Dienste der Technik mit Beispielen aus dem Züricher Institut für angewandte Mathematik
1955, 74 Seiten, 6 Abb., kartoniert, DM 3,50

HEFT 46

Prof. Dr. Wilhelm Weltzien, Krefeld
Ausblick auf die Entwicklung synthetischer Fasern
Prof. Dr. Walther Hoffmann, Münster
Wachstumsprobleme der Industriewirtschaft
in Vorbereitung

HEFT 47

Staatssekretär Prof. Dr. h. c. Leo Brandt, Düsseldorf
Die praktische Förderung der Forschung in Nordrhein-Westfalen
Prof. Dr. Ludwig Raiser, Bad Godesberg
Die Förderung der angewandten Forschung durch die Deutsche Forschungsgemeinschaft
1957, 108 Seiten, 82 Abb., kartoniert, DM 9,55

HEFT 48

Dr. Hermann Tromp, Rom
Bestandsaufnahme der Wälder der Welt als internationale und wissenschaftliche Aufgabe
Prof. Dr. Franz Heske, Schloß Reinbek
Die Wohlfahrtswirkungen des Waldes als internationales Problem
1957, 88 Seiten, kartoniert, DM 3,85

HEFT 49

Präsident Dr. Günther Böhnecke, Hamburg
Zeitfragen der Ozeanographie
Reg.-Direktor Dr. H. Gabler, Hamburg
Nautische Technik und Schiffssicherheit
1955, 120 Seiten, 49 Abb., kartoniert, DM 7,50

HEFT 50

Prof. Dr.-Ing. Friedrich A. F. Schmidt, Aachen
Probleme der Selbstzündung und Verbrennung bei der Entwicklung der Hochleistungskraftmaschinen
Prof. Dr.-Ing. A. W. Quick, Aachen
Ein Verfahren zur Untersuchung des Austauschvorganges in verwirbelten Strömungen hinter Körpern mit abgelöster Strömung
1956, 88 Seiten, 38 Abb., kartoniert, DM 6,20

HEFT 51

Direktor Dr. Johannes Pätzold, Erlangen
Therapeutische Anwendung mechanischer und elektrischer Energie
1957, 38 Seiten, 7 Abb., kartoniert, DM 2,20

HEFT 51 a

Prof. Dr. Siegfried Strugger, Münster
Struktur, Entwicklungsgeschichte und Physiologie der Chloroplasten
in Vorbereitung

HEFT 52

Mr. F. A. W. Patmore, London
Der Air Registration Board und seine Aufgaben im Dienst der britischen Flugzeugindustrie
Prof. A. D. Young, Cranfield
Gestaltung der Lehrtätigkeit in der Luftfahrttechnik in Großbritannien
1956, 92 Seiten, 16 Abb., kartoniert, DM 4,65

HEFT 52 a

Dr. D. C. Martin, London
Geschichte und Organisation der Royal Society
Dr. A. J. A. Roux, Südafrikanische Union
Probleme der wissenschaftlichen Forschung in der Südafrikanischen Union
1958, 64 Seiten, 9 Abb., kartoniert, DM 3,75

HEFT 53

Prof. Dr.-Ing. Georg Schnadel, Hamburg
Forschungsaufgaben zur Untersuchung der Festigkeitsprobleme im Schiffsbau
Prof. Dipl.-Ing. Wilhelm Sturtzel, Duisburg
Forschungsaufgaben zur Untersuchung der Widerstandsprobleme im Schiffsbau
1957, 54 Seiten, 13 Abb., kartoniert, DM 3,20

HEFT 53 a

Prof. Giovanni Lampariello, Rom
Von Galilei zu Einstein
1956, 92 Seiten, kartoniert, DM 4,20

HEFT 54

Direktor Dr. Walter Dieminger, Lindau/Harz
Ionosphäre und drahtloser Weitverkehr
1958, 64 Seiten, 34 Abb., kartoniert, DM 5,50

HEFT 54 a

Sir John Cockcroft, London
Die friedliche Anwendung der Kernenergie
1956, 42 Seiten, 26 Abb., kartoniert, DM 3,—

HEFT 55

Prof. Dr.-Ing. Fritz Schultz-Grunow, Aachen
Das Kriechen und Fließen hochzäher und plastischer Stoffe
Prof. Dr.-Ing. Hans Ebner, Aachen
Wege und Ziele der Festigkeitsforschung besonders im Hinblick auf den Leichtbau
in Vorbereitung

HEFT 56

Prof. Dr. Ernst Derra, Düsseldorf
Der Entwicklungsstand der Herzchirurgie
Prof. Dr. Gunther Lehmann, Dortmund
Muskelarbeit und Muskelermüdung in Theorie und Praxis
1956, 102 Seiten, 49 Abb., kartoniert, DM 6,90

HEFT 57

Prof. Dr. Theodor von Kármán, Pasadena
Freiheit und Organisation in der Luftfahrtforschung
Staatssekretär Prof. Dr. h. c. Leo Brandt, Düsseldorf
Bericht über den Wiederaufbau deutscher Luftfahrtforschung
in Vorbereitung

HEFT 58

Prof. Dr. Fritz Schröter, Ulm
Neue Forschungs- und Entwicklungsrichtungen im Fernsehen
Prof. Dr. Albert Narath, Berlin
Der gegenwärtige Stand der Filmtechnik
1957, 116 Seiten, 46 Abb., kartoniert, DM 6,95

HEFT 59

Prof. Dr. Richard Courant, New York
Die Bedeutung der modernen mathematischen Rechenmaschinen für mathematische Probleme der Hydrodynamik und Reaktortechnik
Prof. Dr. Ernst Peschl, Bonn
Die Rolle der komplexen Zahlen in der Mathematik und die Bedeutung der komplexen Analysis
1957, 77 Seiten, 3 Abb., kartoniert, DM 4,85

HEFT 60

Prof. Dr. Wolfgang Flaig, Braunschweig
Grundlagenforschung auf dem Gebiet des Humus und der Bodenfruchtbarkeit
Prof. Dr. Dr. Eduard Mückenhausen, Bonn
Typologische Bodenentwicklung und Bodenfruchtbarkeit
1956, 112 Seiten, 36 Abb., kartoniert, DM 11,25

HEFT 61

Prof. Dr. W. Georgii, München
Aerophysikalische Flugforschung
Dr. Klaus Oswatitsch, Aachen
Gelöste und ungelöste Probleme der Gasdynamik
1957, 64 Seiten, 35 Abb., kartoniert, DM 5,40

HEFT 62

Prof. Dr. Adolf Butenandt, Tübingen
Über die Analyse der Erbfaktorenwirkung und ihre Bedeutung für biochemische Fragestellungen
Prof. Dr. J. Straub, Köln
Quantitative Genwirkung bei Polyploiden
in Vorbereitung

HEFT 63

Prof. Dr. Oskar Morgenstern, Princeton
Der theoretische Unterbau der Wirtschaftspolitik
1957, 32 Seiten, kartoniert, DM 2,10

HEFT 64

Prof. Dr. Bernhard Rensch, Münster
Die stammesgeschichtliche Sonderstellung des Menschen
1957, 60 Seiten, 5 Abb., kartoniert, DM 2,95

HEFT 65

Prof. Dr. Wilhelm Tönnis, Köln
Die neuzeitliche Behandlung frischer Schädelhirnverletzungen
1958, 50 Seiten, 16 Abb., kartoniert, DM 4,30

HEFT 65 a

Prof. Dr. Siegfried Strugger, Münster
Die elektronenmikroskopische Darstellung der Feinstruktur des Protoplasmas mit Hilfe der Uranylmethode und die zukünftige Bedeutung dieser Methodik für die Erforschung der Strahlenwirkung
in Vorbereitung

HEFT 66

Prof. Dr. Wilhelm Fucks, Aachen
Bildliche Darstellung der Verteilung und der Bewegung von radioaktiven Substanzen im Raum, insbesondere von biologischen Objekten (Physikalischer Teil)
Prof. Dr. Hugo Wilhelm Knipping, Köln, und *Oberarzt Dr. E. Liese, Köln*
Bildgebung von Radioisotopenelementen im Raum bei bewegten Objekten (Herz und Lunge etc) (Medizinischer Teil)
in Vorbereitung

HEFT 67

Prof. Friedrich Paneth F. R. S., Mainz
Die Bedeutung der Isotopenforschung für geochemische und kosmochemische Probleme
Prof. Dr. J. Hans D. Jensen und
Dipl.-Phys. H. A. Weidenmüller, Heidelberg
Die Nichterhaltung der Parität
1958, 64 Seiten, kartoniert, DM 3,60

HEFT 67 a

M. Le Haut Commissaire Francis Perrin
Die Verwendung der Atomenergie für industrielle Zwecke
1958, 39 Seiten, 22 Abb., kartoniert, DM 3,90

HEFT 68

Prof. Dr. Hans Lorenz, Berlin
Forschungsergebnisse auf dem Gebiete der Bodenmechanik als Wegbereiter für neue Gründungsverfahren
Prof. Dr. Georg Garbotz, Aachen
Die Bedeutung der Baumaschinen- und Baubetriebsforschung für die Praxis (Aufgaben und Ergebnisse)
1958, 128 Seiten, 90 Abb., kartoniert, DM 11,—

HEFT 69

M. Maurice Roy, Châtillon
Recherche aéronautique française et perspectives européennes
Prof. Dr. Alexander Naumann, Aachen
Methoden und Ergebnisse der Windkanalforschung
1958, 90 Seiten, 71 Abb., kartoniert, DM 7,50

HEFT 69 a

Prof. Dr. H. W. Melville, London
Die Anwendung von radioaktiven Isotopen und hoher Energiestrahlung in der polymeren Chemie
1958, 32 Seiten, 5 Abb., kartoniert, DM 2,10

HEFT 70

Prof. Dr. E. Justi, Braunschweig
Elektrothermische Kühlung und Heizung. Grundlagen und Möglichkeiten
Prof. Dr. Richard Vieweg, Braunschweig
Maß und Messen in Geschichte und Gegenwart
1958, 182 Seiten, 124 Abb., kartoniert, DM 15,50

HEFT 71

Prof. Dr. F. Baade, Kiel
Gesamtdeutschland und die Integration Europas
Prof. Dr. G. Schmölders, Köln
Ökonomische Verhaltensforschung
1957, 69 Seiten, kartoniert, DM 3,90

HEFT 72

Prof. Dr.-Ing Wilhelm Fucks, Aachen
Hochtemperaturplasma (Magnetohydrodynamik) und Kernfusion
Dr. Hermann Jordan, Aachen
Neutronenbremsung und Diffusion im Kernreaktor, veranschaulicht an einem Modell
in Vorbereitung

HEFT 73

Prof. Dr. A. Gustafson, Stockholm
Mutationen und Mutationsrichtung
Prof. Dr. J. Straub, Köln
Die Wirkung ionisierender Strahlung beim Mutationsprozeß *in Vorbereitung*

HEFT 73 a

Staatssekretär Prof. Dr. h. c. Dr. E. h. Leo Brandt, Düsseldorf
Das Atom-Forschungszentrum des Landes Nordrhein-Westfalen *in Vorbereitung*

HEFT 74

Prof. Dr.-Ing. Martin Kersten, Aachen
Neuere Versuche zur physikalischen Deutung technischer Magnetisierungsvorgänge
Professor Dr. rer.-nat. Günther Leibfried, Aachen
Zur Theorie idealer Kristalle
1958, 64 Seiten, 23 Abb., kartoniert, DM 4,50

HEFT 75

Prof. Dr. W. Klemm, Münster
Neue Wertigkeitsstufen bei den Übergangselementen

Prof. Dr.-Ing. H. Zahn, Aachen
Die Wollforschung in Chemie und Physik von heute
in Vorbereitung

HEFT 76

Prof. Dr. H. Cartan, Paris
Nicolas Bourbaki und die heutige Mathematik
in Vorbereitung

HEFT 76 a

Prof. Dr. H. Cramér, Stockholm
Über einige Klassen von stokastischen Prozessen und ihre Anwendung in Statistik und Versicherungstechnik
in Vorbereitung

HEFT 77

Prof. Dr. Georg Melchers, Tübingen
Die Bedeutung der Virusforschung für die moderne Genetik

Prof. Dr. Alfred Kühn, Tübingen
Über die Wirkungsweise von Erbfaktoren
in Vorbereitung

HEFT 78

Dr. Fréderic Ludwig, Scalay
Experimentelle Studien über indirekte Strahlenwirkungen (effets à distance) in bestrahlten Metazoen

Prof. A. H. W. Aten jr., Amsterdam
Die Anwendung radioaktiver Isotope in der chemischen Forschung
in Vorbereitung

HEFT 79

Prof. Dr. H. H. Inhoffen, Braunschweig
Chemische Übergänge von Gallensäuren in cancerogene Stoffe und ihre möglichen Beziehungen zum Krebsproblem

Prof. Dr. Rudolf Danneel, Bonn
Entstehung, Bau und Funktion der Mitochondrien
in Vorbereitung

HEFT 80

Prof. Dr. Max Born, Bad Pyrmont
Der Realitätsbegriff in der Physik
in Vorbereitung

HEFT 81

Prof. Dr. Joachim Wüstenberg, Gelsenkirchen
Der gegenwärtige ärztliche Standpunkt zum Problem der Beeinflussung der Gesundheit durch Luftverunreinigungen
1959, 42 Seiten, kartoniert

HEFT 82

Prof. Dr. Heinrich Kaiser, Dortmund
Fünf Jahre Arbeit des Instituts für Spektrochemie und angewandte Spektroskopie
Aufbau — Entwicklung — Ergebnisse — Pläne

Dipl.-Ing. Paul Schmidt, München
Periodisch wiederholte Zündungen durch Stoßwellen
in Vorbereitung

18 NEUE FORSCHUNGSSTELLEN
im Land Nordrhein-Westfalen
1954, 176 Seiten, 70 Abb., kartoniert, DM 10,—

JAHRESFEIER 1955

Prof. Dr. Josef Pieper, Münster
Über den Philosophie-Begriff Platons

Prof. Dr. Walter Weizel, Bonn
Die Mathematik und die physikalische Realität
1955, 62 Seiten, kartoniert, DM 2,90

JAHRESFEIER 1956

Prof. Dr. Gunther Lehmann, Dortmund
Arbeit bei hohen Temperaturen

Prof. Dr. Hans Kauffmann, Köln
Italienische Frührenaissance
1957, 58 Seiten, 12 Abb., kartoniert, DM 3,50

WISSENSCHAFT IN NOT

Staatssekretär Prof. Dr. Leo Brandt, Düsseldorf
Wissenschaft in Not

Prof. Dr. Ulrich Scheuner, Bonn
Probleme der Hochschullehrerbesoldung

Prof. Dr. Eugen Flegler, Aachen
Fragen des Hochschulhaushaltes

Prof. Dr. Siegfried Strugger, Münster
Entwicklung der Naturwissenschaften und die Frage des ständigen Etats der Institute
1957, 84 Seiten, kartoniert, DM 3,55

JAHRESFEIER 1957

Prof. Dr. Walter Kikuth, Düsseldorf
Die Infektionskrankheiten im Spiegel historischer und neuzeitlicher Betrachtungen

Prof. Dr. Josef Kroll, Köln
Der Gott Hermes
in Vorbereitung

GEISTESWISSENSCHAFTEN

HEFT 1

Prof. Dr. Werner Richter, Bonn
Die Bedeutung der Geisteswissenschaften für die Bildung unserer Zeit

Prof. Dr. Joachim Ritter, Münster
Die aristotelische Lehre vom Ursprung und Sinn der Theorie

1953, 64 Seiten, kartoniert, DM 2,90

HEFT 2

Prof. Dr. Josef Kroll, Köln
Elysium

Prof. Dr. Günther Jachmann, Köln
Die vierte Ekloge Vergils

1953, 72 Seiten, kartoniert, DM 2,90

HEFT 3

Prof. Dr. Hans Erich Stier, Münster
Die klassische Demokratie

1954, 100 Seiten, kartoniert, DM 4,50

HEFT 4

Prof. Dr. Werner Caskel, Köln
Lihyan und Lihyanisch. Sprache und Kultur eines früharabischen Königreiches

1954, 168 Seiten, 6 Abb., kartoniert, DM 8,25

HEFT 5

Prof. Dr. Thomas Ohm, Münster
Stammesreligionen im südlichen Tanganyika-Territorium

1953, 80 Seiten, 25 Abb., kartoniert, DM 8,—

HEFT 6

Prälat Prof. Dr. Dr. h. c. Georg Schreiber, Münster
Deutsche Wissenschaftspolitik von Bismarck bis zum Atomwissenschaftler Otto Hahn

1954, 102 Seiten, 7 Abb., kartoniert, DM 5,—

HEFT 7

Prof. Dr. Walter Holtzmann, Bonn
Das mittelalterliche Imperium und die werdenden Nationen

1953, 28 Seiten, kartoniert, DM 1,30

HEFT 8

Prof. Dr. Werner Caskel, Köln
Die Bedeutung der Beduinen in der Geschichte der Araber

1954, 44 Seiten, kartoniert, DM 2,—

HEFT 9

Prälat Prof. Dr. Dr. h. c. Georg Schreiber, Münster
Irland im deutschen und abendländischen Sakralraum

1956, 128 Seiten, 20 Abb., kartoniert, DM 9,—

HEFT 10

Prof. Dr. Peter Rassow, Köln
Forschungen zur Reichsidee im 16. und 17. Jahrhundert

1955, 32 Seiten, kartoniert, DM 1,50

HEFT 11

Prof. Dr. Hans Erich Stier, Münster
Roms Aufstieg zur Weltmacht und die griechische Welt

1957, 220 Seiten, kartoniert, DM 10,20

HEFT 12

Prof. Dr. Karl Heinrich Rengstorf, Münster
Mann und Frau im Urchristentum

Prof. Dr. Hermann Conrad, Bonn
Grundprobleme einer Reform des Familienrechts

1954, 106 Seiten, kartoniert, DM 4,50

HEFT 13

Prof. Dr. Max Braubach, Bonn
Der Weg zum 20. Juli 1944

1953, 48 Seiten, kartoniert, DM 2,20

HEFT 14

Prof. Dr. Paul Hübinger, Münster
Das deutsch-französische Verhältnis und seine mittelalterlichen Grundlagen

in Vorbereitung

HEFT 15

Prof. Dr. Franz Steinbach, Bonn
Der geschichtliche Weg des wirtschaftenden Menschen in die soziale Freiheit und politische Verantwortung

1954, 76 Seiten, kartoniert, DM 2,90

HEFT 16

Prof. Dr. Josef Koch, Köln
Die Ars coniecturalis des Nikolaus von Cues

1956, 56 Seiten, 2 Abb., kartoniert, DM 2,90

HEFT 17

Prof. Dr. James Conant,
Staatsbürger und Wissenschaftler

Prof. D. Karl Heinrich Rengstorf, Münster
Antike und Christentum

1953, 48 Seiten, 2 Abb., kartoniert, DM 2,90

HEFT 18

Prof. Dr. Richard Alewyn, Köln
Klopstocks Publikum

in Vorbereitung

HEFT 19

Prof. Dr. Fritz Schalk, Köln
Das Lächerliche in der französischen Literatur des Ancien Régime

1954, 42 Seiten, kartoniert, DM 2,—

HEFT 20

Prof. Dr. Ludwig Raiser, Bad Godesberg
Rechtsfragen der Mitbestimmung

1954, 48 Seiten, kartoniert, DM 2,—

HEFT 21

Prof. D. Martin Noth, Bonn
Das Geschichtsverständnis der alttestamentlichen Apokalyptik

1953, 36 Seiten, kartoniert, DM 1,60

HEFT 22

Prof. Dr. Walter F. Schirmer, Bonn
Glück und Ende der Könige in Shakespeares Historien

1954, 32 Seiten, kartoniert, DM 1,50

HEFT 23

Prof. Dr. Günther Jachmann, Köln
Der homerische Schiffskatalog und die Ilias

erscheint als Wissenschaftliche Abhandlung

HEFT 24
Prof. Dr. Theodor Klauser, Bonn
Die römische Petrustradition im Lichte der neuen Ausgrabungen unter der Peterskirche
1956, 144 Seiten, 3 Falttafeln, 37 Abb., kartoniert, DM 9,30

HEFT 25
Prof. Dr. Hans Peters, Köln
Die Gewaltentrennung in moderner Sicht
1955, 48 Seiten, kartoniert, DM 2,20

HEFT 26
Prof. Dr. Fritz Schalk, Köln
Calderon und die Mythologie
in Vorbereitung

HEFT 27
Prof. Dr. Josef Kroll, Köln
Vom Leben geflügelter Worte
erscheint als Wissenschaftliche Abhandlung

HEFT 28
Prof. Dr. Thomas Ohm, Münster
Die Religionen in Asien
1954, 50 Seiten, 4 Abb., kartoniert, DM 5,—

HEFT 29
Prof. Dr. Johann Leo Weisgerber, Bonn
Die Ordnung der Sprache im persönlichen und öffentlichen Leben
1955, 64 Seiten, kartoniert, DM 2,90

HEFT 30
Prof. Dr. Werner Caskel, Köln
Entdeckungen in Arabien
1954, 44 Seiten, kartoniert, DM 2,—

HEFT 31
Prof. Dr. Max Braubach, Bonn
Entstehung und Entwicklung der landesgeschichtlichen Bestrebungen und historischen Vereine im Rheinland
1955, 32 Seiten, kartoniert, DM 1,60

HEFT 32
Prof. Dr. Fritz Schalk, Köln
Somnium und verwandte Wörter in den romanischen Sprachen
1955, 48 Seiten, 3 Abb., kartoniert, DM 2,50

HEFT 33
Prof. Dr. Friedrich Dessauer, Frankfurt a. M.
Erbe und Zukunft des Abendlandes
1956, 32 Seiten, kartoniert, DM 1,80

HEFT 34
Prof. Dr. Thomas Ohm, Münster
Ruhe und Frömmigkeit
1955, 128 Seiten, 30 Abb., kartoniert, DM 8,—

HEFT 35
Prof. Dr. Hermann Conrad, Bonn
Die mittelalterliche Besiedlung des deutschen Ostens und das Deutsche Recht
1955, 40 Seiten, kartoniert, DM 2,—

HEFT 36
Prof. Dr. Hans Sckommodau, Köln
Die religiösen Dichtungen Margaretes von Navarra
1955, 172 Seiten, kartoniert, DM 7,20

HEFT 37
Prof. Dr. Herbert von Einem, Bonn
Der Mainzer Kopf mit der Binde
1955, 88 Seiten, 40 Abb., kartoniert, DM 6,—

HEFT 38
Prof. Dr. Joseph Höffner, Münster
Statik und Dynamik in der scholastischen Wirtschaftsethik
1955, 48 Seiten, kartoniert, DM 2,20

HEFT 39
Prof. Dr. Fritz Schalk, Köln
Diderots Essai über Claudius und Nero
1956, 40 Seiten, kartoniert, DM 2,25

HEFT 40
Prof. Dr. Gerhard Kegel, Köln
Probleme des internationalen Enteignungs- und Währungsrechts
1956, 62 Seiten, kartoniert, DM 2,85

HEFT 41
Prof. Dr. Johann Leo Weisgerber, Bonn
Die Grenzen der Schrift — Der Kern der Rechtschreibreform
1955, 72 Seiten, kartoniert, DM 3,25

HEFT 42
Prof. Dr. Richard Alewyn, Köln
Von der Empfindsamkeit zur Romantik
in Vorbereitung

HEFT 43
Prof. Dr. Theodor Schieder, Köln
Die Probleme des Rapallo-Vertrages
1956, 108 Seiten, kartoniert, DM 4,80

HEFT 44
Prof. Dr. Andreas Rumpf, Köln
Stilphasen der spätantiken Kunst
1957, 100 Seiten, 189 Abb., kartoniert, DM 9,80

HEFT 45
Dr. Ulrich Luck, Münster
Kerygma und Tradition in der Hermeneutik Adolf Schlatters
1955, 136 Seiten, kartoniert, DM 6,15

HEFT 46
Prof. Dr. Walther Holtzmann, Rom
Das Deutsche Historische Institut in Rom
Prof. Dr. Graf Wolff von Metternich, Rom
Die Bibliotheca Hertziana und der Palazzo Zuccari
1955, 68 Seiten, 7 Abb., kartoniert, DM 3,50

HEFT 47
Prof. Dr. Harry Westermann, Münster
Person und Persönlichkeit im Zivilrecht
1957, 64 Seiten, kartoniert, DM 3,10

HEFT 48
Prof. Dr. Johann Leo Weisgerber, Bonn
Die Namen der Ubier
in Vorbereitung

HEFT 49
Prof. Dr. Friedrich Karl Schumann, Münster
Mythos und Technik
1958, 72 Seiten, kartoniert, DM 4,—

HEFT 50
Prof. D. Karl Heinrich Rengstorf, Münster
Die Anfänge des Diakonats
in Vorbereitung

HEFT 51

Prälat Prof. Dr. Dr. h. c. Georg Schreiber, Münster
Der Bergbau in Geschichte, Ethos und Sakralkultur
in Vorbereitung

HEFT 52

Prof. Dr. Hans J. Wolff, Münster
Die Rechtsgestalt der Universität
1956, 56 Seiten, kartoniert, DM 2,65

HEFT 53

Prof. Dr. Heinrich Vogt, Bonn
Schadenersatzprobleme im Verhältnis von Haftungsgrund und Schaden
in Vorbereitung

HEFT 54

Prof. Dr. Max Braubach, Bonn
Der Einmarsch der deutschen Truppen in die entmilitarisierte Zone am Rhein im März 1936. Ein Beitrag zur Vorgeschichte des zweiten Weltkrieges
1956, 48 Seiten, kartoniert, DM 2,40

HEFT 55

Prof. Dr. Herbert von Einem, Bonn
Die „Menschwerdung Christi" des Isenheimer Altars
1957, 42 Seiten, 13 Abb., kartoniert, DM 2,55

HEFT 56

Prof. Dr. Ernst Joseph Cohn, London
Der englische Gerichtstag
1956, 88 Seiten, kartoniert, DM 4,15

HEFT 57

Dr. Albert Woopen, Aachen
Die Zivilehe und der Grundsatz der Unauflöslichkeit der Ehe in der Entwicklung des italienischen Zivilrechts
1956, 88 Seiten, kartoniert, DM 4,—

HEFT 58

Prof. Dr. Karl Kerényi, Ascona
Die Herkunft der Dionysos-Religion nach dem heutigen Stand der Forschung
1956, 32 Seiten, kartoniert, DM 1,75

HEFT 59

Prof. Dr. Herbert Jankuhn, Kiel
Die Ausgrabungen in Haithabu und ihre Bedeutung für die Handelsgeschichte des frühen Mittelalters
1958, 62 Seiten, 8 Abb., kartoniert, DM 3,70

HEFT 60

Dr. Stephan Skalweit, Bonn
Edmund Burke und Frankreich
1956, 84 Seiten, kartoniert, DM 4,15

HEFT 61

Prof. Dr. Ulrich Scheuner, Bonn
Die Neutralität im heutigen Völkerrecht
in Vorbereitung

HEFT 62

Prof. Dr. Anton Moortgat, Berlin
Archäologische Forschungen der Max-Freiherr-von-Oppenheim-Stiftung im nördlichen Mesopotamien
1957, 32 Seiten, 11 Abb., kartoniert, DM 2,10

HEFT 63

Prof. Dr. Joachim Ritter, Münster
Hegel und die französische Revolution
1957, 126 Seiten, kartoniert, DM 6,60

HEFT 64

Prof. Dr. Hermann Conrad und
Prof. Dr. Carl Arnold Willemsen, Bonn
Die Konstitutionen von Melfi Friedrichs II. von Hohenstaufen (1231)
in Vorbereitung

HEFT 65

Prälat Prof. Dr. Dr. h. c. Georg Schreiber, Münster
Der Islam und das christliche Abendland
in Vorbereitung

HEFT 66

Prof. Dr. Werner Conze, Münster
Die Strukturgeschichte des technisch-industriellen Zeitalters als Aufgabe für Forschung und Unterricht *1957, 52 Seiten, kartoniert, DM 2,70*

HEFT 67

Prof. Dr. Gerhard Hess, Bad Godesberg
Zur Entstehung der „Maximen" La Rochefoucaulds
1957, 44 Seiten, kartoniert, DM 2,30

HEFT 68

Prof. Dr. Fritz Schalk, Köln
Poetica de Aristoteles traducida de latin. Illustrada y commentada por Juan Pablo Martiz Rizo (erste kritische Ausgabe des spanischen Textes)
in Vorbereitung

HEFT 69

Prof. Dr. Ernst Langlotz, Bonn
Perseus. Dokumentation der Wiedergewinnung eines Meisterwerkes der griechischen Plastik
in Vorbereitung

HEFT 70

Prof. Dr. Erich Boehringer, Berlin
Der Aufbau des Deutschen Archäologischen Instituts
in Vorbereitung

HEFT 71

Dr. Josef Wintrich, Karlsruhe
Zur Problematik der Grundrechte
1957, 62 Seiten, kartoniert, DM 3,25

HEFT 72

Prof. Dr. Josef Pieper, Münster
Über den Begriff der Tradition
1957, 66 Seiten, kartoniert, DM 3,70

HEFT 73

Prof. Dr. Walter F. Schirmer, Bonn
Die frühen Darstellungen des Arthurstoffes
1958, 98 Seiten, kartoniert, DM 5,—

HEFT 74

Prof. William L. Prosser, Berkeley
Kausalzusammenhang und Fahrlässigkeit
1958, 58 Seiten, kartoniert, DM 3,40

HEFT 75

Prof. Dr. Leo Weisgerber, Bonn
Verschiebungen in der sprachlichen Einschätzung von Menschen und Sachen
erschienen 1958 als Wissenschaftliche Abhandlung, Band 2

HEFT 76

Prof. Walter H. Bruford, Cambridge
Fürstin Gallitzin und Goethe. Das Selbstvervollkommnungsideal und seine Grenzen
1957, 44 Seiten, 1 Abb., kartoniert, DM 2,60

HEFT 77

Prof. Dr. Hermann Conrad, Bonn
Die geistigen Grundlagen des Allgemeinen Landrechts für die preußischen Staaten von 1794
1958, 66 Seiten, kartoniert, DM 3,55

HEFT 78

Prof. Dr. Herbert von Einem, Bonn
Asmus Jacob Carstens, Die Nacht mit ihren Kindern

1958, 64 Seiten, 24 Abb., kartoniert, DM 5,—

HEFT 79

Prof. Dr. P. Gieseke, Bad Godesberg
Eigentum und Grundwasser

1959, 44 Seiten, kartoniert

HEFT 80

Prof. Dr. Dr. Werner Richter, Bonn
Wissenschaft und Geist in der Weimarer Republik

1958, 44 Seiten, kartoniert, DM 2,60

HEFT 81

Prof. Dr. J. Leo Weisgerber, Bonn
Sprachenrecht und europäische Einheit

JAHRESFEIER 1955

Prof. Dr. Josef Pieper, Münster
Über den Philosophie-Begriff Platons

Prof. Dr. Walter Weizel, Bonn
Die Mathematik und die physikalische Realität

1955, 62 Seiten, kartoniert, DM 2,90

JAHRESFEIER 1956

Prof. Dr. Gunther Lehmann, Dortmund
Arbeit bei hohen Temperaturen

Prof. Dr. Hans Kauffmann, Köln
Italienische Frührenaissance

1957, 58 Seiten, 12 Abb., kartoniert, DM 3,50

WISSENSCHAFT IN NOT

Staatssekretär Prof. Dr. Leo Brandt, Düsseldorf
Wissenschaft in Not

Prof. Dr. Ulrich Scheuner, Bonn
Probleme der Hochschullehrerbesoldung

Prof. Dr. Eugen Flegler, Aachen
Fragen des Hochschulhaushalts

Prof. Dr. Siegfried Strugger, Münster
Entwicklung der Naturwissenschaften und die Frage des ständigen Etats der Institute

1957, 84 Seiten, kartoniert, DM 3,55

JAHRESFEIER 1957

Prof. Dr. Walter Kikuth, Düsseldorf
Die Infektionskrankheiten im Spiegel historischer und neuzeitlicher Betrachtungen

Prof. Dr. Josef Kroll, Köln
Der Gott Hermes

in Vorbereitung

WISSENSCHAFTLICHE ABHANDLUNGEN

BAND 1
Dr. Wolfgang Priester, Dr. Hans Gerhard Bennewitz, Peter Lengrüßer, Bonn
Radio-Beobachtungen des ersten künstlichen Erdsatelliten
1958, 46 Seiten, 21 Abb., Ganzleinen, DM 8,50

BAND 2
Professor Dr. Leo Weisgerber, Bonn
Verschiebungen in der sprachlichen Einschätzung von Menschen und Sachen
1958, 186 Seiten, Ganzleinen DM 14,—
kartoniert DM 11,80

BAND 3
Dr. Erich Meuthen, Marburg
Die letzten Jahre des Nikolaus von Kues
1958, 346 Seiten, Ganzleinen, DM 28,—

BAND 4
Dr. Hans Georg Kirchhoff, Rommerskirchen
Die staatliche Sozialpolitik im Ruhrbergbau 1871—1914
1958, 180 Seiten, Ganzleinen DM 12,80
kartoniert DM 10,50

BAND 5
Prof. Dr. Günther Jachmann, Köln
Der homerische Schiffskatalog und die Ilias
1958, 342 Seiten, Ganzleinen DM 35,70

BAND 6
Prof. Dr. Peter Hartmann, Münster
Das Wort als Name
1958, 100 Seiten, Ganzleinen DM 9,50
kartoniert DM 7,—

BAND 7
Prof. Dr. Anton Moortgat, Berlin
Archäologische Forschungen der Max Freiherr von Oppenheim-Stiftung im nördlichen Mesopotamien 1956
in Vorbereitung

BAND 8
Dr. Wolfgang Priester und Gerhard Hergenhahn, Bonn
Bahnbestimmung von Erdsatelliten aus Doppler-Effekt-Messungen
1958, 52 Seiten, 11 Abb., Ganzleinen DM 8,—
kartoniert DM 6,20

BAND 9
Prof. Dr. Harry Westermann, Münster
Welche gesetzlichen Maßnahmen zur Luftreinhaltung und zur Verbesserung des Nachbarrechts sind erforderlich?
1958, 88 Seiten, Ganzleinen DM 8,20
kartoniert DM 6,40

Prof. Dr. Josef Kroll, Köln
Vom Leben geflügelter Worte
in Vorbereitung

Prälat Prof. Dr. Dr. h. c. Georg Schreiber, Münster
Die Wochentage im Erlebnis der Ostkirche und des christlichen Abendlandes
in Vorbereitung

Prof. Dr. Hermann Conrad und Gerd Kleinheyer
Carl Gottlieb Svarez 1746—1796. Vorträge über Recht und Staat
in Vorbereitung

MIX
Papier aus verantwortungsvollen Quellen
Paper from responsible sources
FSC® C105338

FSC
www.fsc.org

If you have any concerns about our products,
you can contact us on
ProductSafety@springernature.com

In case Publisher is established outside the EU,
the EU authorized representative is:
Springer Nature Customer Service Center GmbH
Europaplatz 3, 69115 Heidelberg, Germany

Printed by Libri Plureos GmbH
in Hamburg, Germany